經濟部技術處108年度專案計畫

2019資訊硬體產業年鑑

中華民國108年9月30日

序

　　2018 年全球經濟表現趨緩，上半年整體表現雖然較過往樂觀，但下半年出現國際經濟局勢重大議題，尤其是對臺灣影響甚劇的美中貿易戰，使整年經濟成長幅度放緩。美中雙方爭議已從貿易逆差，全面擴展至資訊產業等眾多層面，而美中和談步伐的緩慢與反覆，也導致全球各大經濟體之間的緊張局勢難以紓解。

　　回顧臺灣資訊產業動態，根據資策會產業情報研究所（MIC）統計調查，2018 年臺灣資訊硬體產業產值 1,108.3 億美元，相較 2017 年下滑 1.1%，主因是個人電腦市場難見曙光，使新興需求如電競等，仍難以刺激大量的筆記型電腦與桌上型電腦市場。雖然雲端應用促進了資料中心布建，也帶動伺服器創下歷年新高的出貨，然而整體智慧手持終端裝置仍面臨市場逐漸飽和窘境，導致 2018 年臺灣資訊硬體產業整體表現相較 2017 年衰退。

　　為協助我國產業界了解 2018 年全球資訊產品市場發展動態，並掌握關鍵趨勢的走向，在經濟部技術處 ITIS 計畫的支持下，由資策會產業情報研究所彙整編纂《2019 資訊硬體產業年鑑》，除詳實記載臺灣資訊工業在 2018 年的發展成果，更進一步分析全球主要資訊市場的發展狀況、關鍵議題及新興應用產品的發展趨勢，提供產官學研各界完整而深入的資訊，以作為後續發展策略之參考依據。

　　感謝經濟部技術處與各研究機構的協助，致本年鑑順利付梓。期許《2019 資訊硬體產業年鑑》的出版，能幫助各界瞭解

產業典範移轉過程的完整脈絡，對我國資訊工業朝向數位轉型方向邁進有所助益。

財團法人資訊工業策進會　　執行長

中華民國108年9月

編者的話

《2019資訊硬體產業年鑑》收錄臺灣2018年資訊工業發展現況與趨勢分析，邀請資訊硬體等領域多位專業產業分析人員共同撰寫，內容彙集臺灣資訊工業近期的總體環境變化、全球與各區域主要資訊硬體市場以及產業的發展現況，亦針對市場及產業的未來發展趨勢進行預測分析。期盼能提供給企業、政府，以及學術機構之決策和研究者，作為實用的參考書籍。

本年鑑以資訊硬體產業為研究主軸，主要探討四大類型產品包括桌上型電腦、筆記型電腦（含迷你筆記型電腦）、伺服器、主機板之發展現況與趨勢；另亦針對科技大趨勢下的重點議題進行探討，包括智慧語音、自駕車、人工智慧晶片、智慧工廠等。本年鑑內容總共分為六章，茲將各篇章之內容重點分述如下：

第一章：總體經濟暨產業關聯指標。該章內容包含經濟重要統計指標以及資訊工業重要統計數據，透過數據背後意義的闡述，使讀者能夠正確地掌握2018年資訊工業總體環境現況。

第二章：資訊工業總覽。該章概述全球與臺灣資訊工業發展現況，包括整體產業產值、市場發展動態主要產品產銷表現及市場占有率等，讓讀者得以快速掌握資訊工業發展脈動。

第三章：全球資訊工業個論。該章內容係探討四大類型產品，包括全球與主要地區之個別產品市場規模等，以協助讀者掌握全球資訊工業市場的發展脈動。

第四章：臺灣資訊工業個論。該章內容係探討四大類型產品之臺灣發展現況與趨勢，包括主要產品產量與產值，產品規格型態變化等，以協助讀者掌握臺灣資訊工業市場的發展脈動。

第五章：焦點議題探討。該章從智慧語音、自駕車、人工智慧晶片、智慧工廠等新興應用與產品發展趨勢，提供讀者相關分析及資訊產品情報。

第六章：未來展望。該章內容係分析全球與臺灣資訊工業整體產業發展趨勢，包括市場規模、市場占有率及未來產值趨勢預測等，希望輔助讀者未雨綢繆以預先進行策略規劃的調整。

附　錄：內容收錄研究範疇與產品定義、資訊工業重要大事紀，以及中英文專有名詞縮語／略語對照表，提供各界作為對照查詢與補充參考之用。

本年鑑感謝相關產業分析人員的全力配合以共同完成著作，使年鑑得以如期順利出版；惟內容涉及之產業範疇甚廣，若有疏漏或偏頗之處，懇請讀者踴躍指教，俾使後續的年鑑內容更加適切與充實。

《2019 資訊硬體產業年鑑》編纂小組　謹誌

中華民國108年9月

目 錄

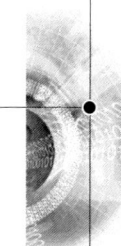

第一章　總體經濟暨產業關聯指標 1
　　一、全球經濟重要指標 1
　　二、臺灣經濟重要指標 3

第二章　資訊工業總覽 9
　　一、產業範疇定義 9
　　二、全球產業總覽 9
　　三、臺灣產業總覽 10

第三章　全球資訊工業個論 17
　　一、全球桌上型電腦市場發展現況與產業趨勢分析 17
　　二、全球筆記型電腦市場發展現況與產業趨勢分析 23
　　三、全球伺服器市場發展現況與產業趨勢分析 28
　　四、全球主機板市場發展現況與產業趨勢分析 34

第四章　臺灣資訊工業個論 41
　　一、臺灣桌上型電腦市場發展現況與產業趨勢分析 41
　　二、臺灣筆記型電腦市場發展現況與產業趨勢分析 46
　　三、臺灣伺服器市場發展現況與產業趨勢分析 52
　　四、臺灣主機板市場發展現況與產業趨勢分析 59

第五章　焦點議題探討 65
　　一、AI 語音技術供應商策略方向探討 65
　　二、IC 及車用電子業者的自駕車商機 73

v

三、中國大陸人工智慧晶片主要業者發展分析 84

　　四、協作型機器人於工廠之應用發展趨勢 98

　　五、南韓智慧工廠推動政策研析 110

第六章　未來展望 129

　　一、全球資訊工業展望 129

　　二、臺灣資訊工業展望 132

附錄 137

　　一、範疇定義 137

　　二、資訊工業重要大事紀 139

　　三、中英文專有名詞縮語／略語對照表 140

　　四、參考資料 141

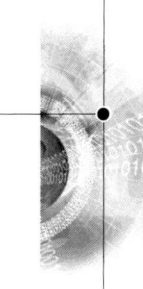

Table of Contents

Chapter 1   Macroeconomic and Industrial Indicators 1
    1. Global Economic Indicators 1
    2. Taiwan Economic Indicator 3
Chapter 2   ICT Industry Overview 9
    1. Scope and Definitions 9
    2. Global ICT Industry 9
    3. Taiwan's ICT Industry 10
Chapter 3   Overview of Global ICT Hardware Market Developments and Industry Trends 17
    1. Desktop PC 17
    2. Notebook PC 23
    3. Server System 28
    4. Motherboard 34
Chapter 4   Overview of Taiwan's ICT Hardware Market Developments and Industry Trends 41
    1. Desktop PC 41
    2. Notebook PC 46
    3. Server System 52
    4. Motherboard 59
Chapter 5   Key Issues and Highlights 65
    1. AI Voice Recognition Technology Suppliers and Their Strategies 65

  2. IC and Automotive Electronics Manufacturers and Their Opportunities in Autonomous Vehicles 73

  3. Major Chinese AI Chipmakers and Their Developments 84

  4. Applications and Development Trends of Collaborative Robots 98

  5. Korea's Promotion Strategies for Smart Factory 110

Chapter 6 Future Outlook for the ICT Industry 129

  1. Global Outlook 129

  2. Taiwan's Outlook 132

Appendix 137

  1. Scope and Definitions 137

  2. ICT Industry Milestones 139

  3. List of Abbreviations 140

  4. References 141

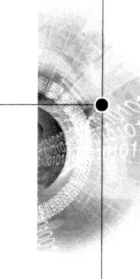

圖 目 錄

圖 2-1　2008-2018年臺灣資訊硬體產業產值 11

圖 2-2　臺灣主要資訊硬體產品全球市場占有率 13

圖 2-3　臺灣資訊硬體產業出貨區域產值分析 14

圖 2-4　臺灣資訊硬體產業生產地產值分析 14

圖 2-5　2018-2023年臺灣資訊硬體產業總產值之展望 15

圖 2-6　2018-2023年臺灣主要資訊硬體產品全球占有率長期展望 15

圖 3-1　2014-2018年全球桌上型電腦市場規模 18

圖 3-2　2014-2018年北美桌上型電腦市場規模 19

圖 3-3　2014-2018年西歐桌上型電腦市場規模 20

圖 3-4　2014-2018年日本桌上型電腦市場規模 21

圖 3-5　2014-2018年亞洲桌上型電腦市場規模 22

圖 3-6　2014-2018年其他地區桌上型電腦市場規模 23

圖 3-7　2014-2018年全球筆記型電腦市場規模 24

圖 3-8　2014-2018年北美筆記型電腦市場規模 25

圖 3-9　2014-2018年西歐筆記型電腦市場規模 26

圖 3-10　2014-2018年日本筆記型電腦市場規模 26

圖 3-11　2014-2018年亞洲筆記型電腦市場規模 27

圖 3-12　2014-2018年其他地區筆記型電腦市場規模 28

圖 3-13　2014-2018年全球伺服器市場規模 30

圖 3-14　2014-2018年北美伺服器市場規模 31

圖 3-15	2014~2018年西歐伺服器市場規模	32
圖 3-16	2014-2018年日本伺服器市場規模	33
圖 3-17	2014-2018年亞洲伺服器市場規模	33
圖 3-18	2014-2018年其他地區伺服器市場規模	34
圖 3-19	2014-2018年全球主機板市場規模	35
圖 3-20	2014-2018年北美主機板市場規模	36
圖 3-21	2014-2018年西歐主機板市場規模	37
圖 3-22	2014-2018年日本主機板市場規模	37
圖 3-23	2014-2018年亞洲主機板市場規模	38
圖 3-24	2014-2018年其他地區主機板市場規模	39
圖 4-1	2014-2018年臺灣桌上型電腦產業總產量	41
圖 4-2	2014-2018年臺灣桌上型電腦產業總產值	42
圖 4-3	2014-2018年臺灣桌上型電腦產業業務型態別產量比重	43
圖 4-4	2014-2018年臺灣桌上型電腦產業業務型態別產量比重	44
圖 4-5	2014-2018年臺灣桌上型電腦產業中央處理器採用架構分析	45
圖 4-6	2014-2018年臺灣筆記型電腦產業總產量	47
圖 4-7	2014-2018年臺灣筆記型電腦產業總產值	47
圖 4-8	2014-2018年臺灣筆記型電腦產業業務型態別產量比重	48
圖 4-9	2014~2018年臺灣筆記型電腦產業銷售地區別產量比重	49
圖 4-10	2014-2018年臺灣筆記型電腦產業尺寸別產量比重	50
圖 4-11	2016-2018年臺灣筆記型電腦產業產品平台型態	51
圖 4-12	2014-2018年臺灣伺服器系統出貨量	52
圖 4-13	2014-2018年臺灣伺服器主機板出貨量	53
圖 4-14	2014-2018年臺灣伺服器系統產值與平均出貨價格	54
圖 4-15	2014-2018年臺灣伺服器主機板產值與平均出貨價格	54

圖 4-16	2014-2018 年臺灣伺服器系統業務型態別產量比重	55
圖 4-17	2014-2018 年臺灣伺服器系統銷售區域比重	56
圖 4-18	2014-2018 年臺灣伺服器系統外觀形式出貨分析	58
圖 4-19	2014-2018 年臺灣主機板產業總產量	60
圖 4-20	2014-2018 年臺灣主機板產業產值與平均出貨價格	60
圖 4-21	2014-2018 年臺灣主機板產業業務型態	61
圖 4-22	2014-2018 年臺灣主機板產業出貨地區別產量比重	62
圖 4-23	2014-2018 年臺灣主機板產業處理器採用架構分析	63
圖 5-1	AI 語音助理生態系示意圖	66
圖 5-2	AI 虛擬助理垂直應用市場規模與成長潛力	68
圖 5-3	個人用／家用、平行與垂直領域之 AI 語音科技業者	69
圖 5-4	Amazon 與 Google 語音技術布局軌跡	70
圖 5-5	NUANCE Communications 合作、整合與購併活動	71
圖 5-6	2030 年自駕車市場規模預測	74
圖 5-7	自駕車產業鏈	75
圖 5-8	自駕車產業上中下游之主要產品需求	77
圖 5-9	臺灣自駕車產業相關半導體業者現有車用產品	82
圖 5-10	臺灣自駕車產業相關車電業者	83
圖 5-11	華為人工智慧解決方案	88
圖 5-12	協作型機器人發展路徑	101
圖 5-13	工廠生產作業流程	103
圖 5-14	花王豐橋廠導入 NEXTAGE 雙臂協作型機器人於生產包裝流程	105
圖 5-15	NEXTAGE 雙臂協作型機器人檢測與包裝商品	106
圖 5-16	南韓智慧工廠政策推動體系	112
圖 5-17	南韓新興智慧融合產品案例	117

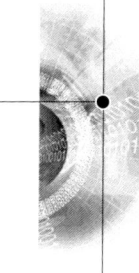

表目錄

表 1-1　2014-2019 年全球與主要地區經濟成長率 2
表 1-2　2014-2019 年主要國家與地區經濟成長率 2
表 1-3　2014-2019 年主要國家 CPI 變動率 3
表 1-4　臺灣經濟成長與物價變動 4
表 1-5　臺灣消費年增率 4
表 1-6　臺灣工業生產指數年增率 5
表 1-7　臺灣對主要貿易地區進口總額年增率 5
表 1-8　臺灣對主要貿易地區出口總額年增率 6
表 1-9　2018 年臺灣外銷訂單主要接單地區 6
表 1-10　2018 年臺灣外銷訂單主要接單貨品類別 7
表 1-11　臺灣核准華僑及外國人、對外、對中國大陸投資概況 7
表 1-12　臺灣貨幣、利率與匯率概況 8
表 1-13　臺灣勞動力與失業概況 8
表 2-1　2018 年臺灣主要資訊硬體產品產銷表現 12
表 5-1　傳統汽車產業半導體供應商近期發表之自駕產品 78
表 5-2　傳統汽車產業車用電子供應商近期發表之自駕產品 79
表 5-3　新進 ICT 供應商近期發表之自駕相關產品－半導體廠 80
表 5-4　新進 ICT 供應商近期發表之自駕相關產品－汽車零部件 81
表 5-5　Kirin 970 及 Kirin 980 規格比較 87
表 5-6　華為海思產品列表 89

表 5-7	寒武紀產品列表	90
表 5-8	寒武紀產品推廣概況	91
表 5-9	地平線產品列表	93
表 5-10	深鑒科技產品列表－模組	95
表 5-11	ISO/TS 15066 對協作型機器人的操作類型與相應安全措施規範	100
表 5-12	深機器人主要大廠推出之協作型機器人規格	102
表 5-13	NEXTAGE 雙臂協作型機器人於花王工廠之用途	106
表 5-14	南韓智慧工廠推動政策重點歷程	111
表 5-15	南韓智慧工廠推動政策重點歷程	113
表 5-16	南韓智慧工廠推動政策重點歷程	114
表 5-17	南韓智慧製造創新願景 2025	119
表 5-18	南韓智慧工廠擴散與升級戰略	121

第一章｜總體經濟暨產業關聯指標

一、全球經濟重要指標

　　全球增長在 2017 年達到接近 4%的峰值，然而 2018 年放緩至 3.6%。雖然 2018 上半年全球經濟活動強勁增長，但是 2018 下半年顯著放緩，主要受到眾多主要經濟體的負面影響。關於亞洲，因控制影子銀行業務而實施了監管收緊政策，中國大陸經濟成長下降，日本也受到自然災害影響打擊經濟活動，再加上亞洲各國與美國的貿易緊張局勢，加劇了此下降幅度。關於歐洲，歐元區增長也出現減緩，原因是商業和消費者信心走弱，例如：德國因新排放標準導致商業成本上揚；義大利投資隨著主權債券利差擴大而縮減，波及了消費者信心。美國政府減稅和擴大支出措施，促使 2018 年美國經濟成長。然而，貿易衝突加劇影響未來經濟表現。

　　上述大型先進經濟體緊縮共同導致了全球擴張的顯著減弱，尤其可能從 2018 下半年延續至 2019 年。國際貨幣基金組織預測 2019 年 70%的全球經濟體增速將會下降至 3.3%。儘管 3.3%的全球擴張仍處於合理水平，但很多國家的經濟前景仍極具挑戰性，短期內將面臨重大不確定性。尤其是保護主義開始盛行，過去三十年，所有國家中機器設備的相對價格都出現下降現象，驅動因素包括生產率提高和全球貿易盛行。相對價格的下降支持了企業投資機器設備的比重，致使發展中國家從中受益。然而，貿易緊張加劇可能逆轉價格下降趨勢，導致投資力道削弱。

　　然而基於沒有通膨壓力的情況下，主要經濟體可以實施大規模寬鬆政策，以此改善全球金融市場，2019 年下半年經濟增速或將加快：中國加大了財政和貨幣刺激力度，以抵消貿易關稅的負面影響、歐元區增長拖累因素消退以及新興市場經濟體情況趨穩，例如阿根廷和土耳其等新興市場和發展中經濟體改善。美聯儲暫停了加息，並釋放了年內不再加息的信號。

表 1-1　2014-2019 年全球與主要地區經濟成長率

單位：%

地區	2014	2015	2016	2017	2018	2019（p）
全球（EIU）	3.5	3.4	3.2	3.7	3.6	3.4
全球（IMF）	3.6	3.5	3.2	3.8	3.6	3.3
先進開發國家	2.1	2.3	1.7	2.3	2.2	1.8
歐元區	1.3	2.1	1.8	2.3	1.8	1.3
新興與發展中國家	4.7	4.3	4.4	4.8	4.5	4.4
獨立國協	1.0	-2.0	0.4	2.1	2.8	2.2
亞洲開發中國家	6.8	6.8	6.5	6.5	6.4	6.3
歐洲開發中國家	3.9	4.7	3.2	5.8	3.6	0.8
拉丁美洲和加勒比海	1.3	0.3	-0.6	1.3	1.0	1.4
中東及北非	2.8	2.5	4.9	2.6	1.8	1.5
撒哈拉以南非洲	5.1	3.4	1.4	2.8	3.0	3.5
歐盟	1.8	2.4	2.0	2.7	2.2	1.6

備註：各主要地區之經濟成長率係採 IMF 之資料
資料來源：IMF、EIU，資策會 MIC 經濟部 ITIS 研究團隊整理，2019 年 7 月

表 1-2　2014-2019 年主要國家與地區經濟成長率

單位：%

國家	2014	2015	2016	2017	2018	2019（p）
臺灣	4.0	0.8	1.4	2.9	2.6	2.5
美國	2.6	2.9	1.5	2.3	2.9	2.3
日本	0.4	1.4	0.9	1.7	0.8	1.0
德國	1.9	1.5	1.9	2.5	1.5	0.8
法國	0.9	1.1	1.2	1.8	1.5	1.3
英國	3.1	2.3	1.9	1.8	1.4	1.2
韓國	3.3	2.8	2.8	3.1	2.7	2.6
新加坡	3.9	2.2	2.4	3.6	3.2	2.3
香港	2.8	2.4	2.1	3.8	3.0	2.7
中國大陸	7.3	6.9	6.7	6.9	6.6	6.3

備註：除臺灣數據為官方公布外，其餘各國數據係採 IMF 之資料
資料來源：IMF、行政院主計總處，資策會 MIC 經濟部 ITIS 研究團隊整理，2019 年 7 月

表 1-3　2014-2019 年主要國家 CPI 變動率

單位：%

國別／年	2014	2015	2016	2017	2018	2019（p）
美國	1.6	0.1	1.3	2.7	2.4	2.0
日本	2.8	0.8	-0.1	1.0	1.0	1.1
德國	0.8	0.1	0.4	2.0	1.9	1.3
法國	0.6	0.1	0.3	1.4	2.1	1.3
英國	1.5	0.1	0.6	2.5	2.5	1.8
韓國	1.3	0.7	1.0	1.8	1.5	1.4
新加坡	1.0	-0.5	-0.5	1.0	0.4	1.3
香港	4.4	3.0	2.5	2.6	2.4	2.4
中國大陸	2.0	1.4	2.0	2.4	2.1	2.3

資料來源：IMF，資策會 MIC 經濟部 ITIS 研究團隊整理，2019 年 7 月

二、臺灣經濟重要指標

2018 上半年臺灣經濟受全球景氣持續擴張的帶動，經濟成長率在 3%以上。自第三季起，由於美中貿易戰開始發酵，加上美國升息帶動強勢美元，引發全球資金移動，新興市場及開發中經濟體金融波動加劇，連帶影響美、歐、日等主要經濟體及臺灣金融市場，使得 2018 下半年景氣轉為保守。

展望 2019 年臺灣經濟，仍持續受到美中貿易戰波及，不僅影響臺灣貿易進出口狀況，更衝擊長期的企業投資及生產製造投入。此外，受到主要國家央行貨幣緊縮政策的速度加快，美元走強與借貸成本增加致使部分新興市場國家受到波及，加劇各區的金融市場波動，都將不利於臺灣經濟表現，使得 2019 全年經濟成長幅度較 2018 年略低。

儘管美中貿易衝突升溫，有助於廠商回流，然而國內投資環境仍待改善，回流成效還需後續觀察，不過受惠於政府部門擴增公共建設支出與國、公營事業投資，使得整體固定資本形成動能可望較 2018 年略高，預測 2019 年成長率為 4.4%。

國際機構 IMF 及 OECD 認為全球經濟 2019 年將與 2018 年持平，也有部分機構認為全球經濟表現將低於 2018 年。由於與臺灣經濟高度相關的美、中兩大經濟體經濟成長率都將下滑，這將使我國經濟表現受到考驗。因此，政府是否能適時推出相對應的投資與重大經濟政策，將成為 2019 年臺灣總體經濟是否變化的關鍵因素。

表 1-4　臺灣經濟成長與物價變動

年別	經濟成長率（GDP）（％）	國民生產毛額（GDP）（新臺幣百萬元）	平均每人 GDP（per capita GDP）（新臺幣元）	消費者物價上升率（％）	躉售物價上升率（％）
2014 年	4.02	16,111,867	688,434	1.20	-0.56
2015 年	0.81	16,770,671	714,774	-0.30	-8.85
2016 年	1.51	17,176,300	730,411	1.39	-2.98
2017 年	3.08	17,501,181	742,976	0.62	0.90
2018 年	2.63	17,777,003	754,027	1.35	3.63
2019 年（f）	2.27	18,344,877	777,560		
第 1 季（p）	1.82	4,478,110	189,894		
第 2 季（f）	1.99	4,454,119	188,836		
第 3 季（f）	2.42	4,625,080	196,015		
第 4 季（f）	2.78	4,787,568	202,815		

備註：（p）為初步統計數，（f）為預測數
資料來源：行政院主計總處，經濟部統計處，資策會 MIC 經濟部 ITIS 研究團隊整理，2019 年 7 月

表 1-5　臺灣消費年增率

單位：％

年別	民間消費實質成長率
2014年	3.30
2015年	3.63
2016年	1.74
2017年	2.32
2018年	2.29

資料來源：行政院主計總處，資策會 MIC 經濟部 ITIS 研究團隊整理，2019 年 7 月

表 1-6　臺灣工業生產指數年增率

基期=2011 年	工業生產指數合計（%）	礦業及土石採取業（%）	製造業（%）	電力燃氣業（%）	用水供應業（%）
2014 年	6.41	1.17	6.83	1.51	0.52
2015 年	-1.28	-6.53	-1.16	-2.42	-2.28
2016 年	1.97	-9.67	1.91	3.43	0.50
2017 年	5.00	-2.00	5.27	2.22	1.30
2018 年	3.65	-3.65	3.93	0.39	0.09

資料來源：經濟部統計處，資策會 MIC 經濟部 ITIS 研究團隊整理，2019 年 7 月

表 1-7　臺灣對主要貿易地區進口總額年增率

單位：%

地區＼年別	2014 年	2015 年	2016 年	2017 年	2018 年
NAFTA	5.0	-3.2	-2.3	6.0	15.1
美國	5.7	-2.8	-2.1	5.7	14.8
加拿大	0.8	-12.7	-13.0	33.9	20.0
亞洲地區	3.8	-11.3	1.3	11.1	9.4
日本	-3.9	-7.4	4.5	3.3	5.2
香港	9.4	-15.4	-9.4	13.6	-6.8
中國大陸	13.6	-8.1	-2.8	13.8	7.5
南韓	-5.4	-12.0	8.9	15.3	15.6
東協	5.0	-16.4	-6.5	14.3	11.2
歐洲地區	3.3	-11.1	1.5	8.6	10.0
歐盟 28 國	3.0	-7.9	3.2	7.4	7.3
合計	1.4	-15.8	-2.8	12.4	10.4

資料來源：財政部統計處，資策會 MIC 經濟部 ITIS 研究團隊整理，2019 年 7 月

表 1-8　臺灣對主要貿易地區出口總額年增率

單位：%

地區＼年別	2014 年	2015 年	2016 年	2017 年	2018 年
NAFTA	7.4	-1.1	-3.9	10.2	7.9
美國	7.6	-1.6	-3.0	10.2	7.4
加拿大	1.8	-3.8	-13.6	8.0	15.2
亞洲地區	2.6	-11.4	-0.5	14.5	5.3
日本	3.9	-2.7	-0.2	6.3	11.1
香港	6.3	-10.7	-1.9	7.4	0.9
中國大陸	0.7	-13.4	0.6	20.4	8.7
南韓	6.3	-0.8	-0.7	15.2	8.5
東協	1.6	-14.2	-0.7	14.2	-0.6
歐洲地區	4.4	-10.8	1.0	11.2	8.3
歐盟 28 國	5.8	-10.3	1.9	10.6	8.4
合計	2.8	-10.9	-1.8	13.2	5.9

資料來源：財政部統計處，資策會 MIC 經濟部 ITIS 研究團隊整理，2019 年 7 月

表 1-9　2018 年臺灣外銷訂單主要接單地區

主要地區	金額（億美元）	較上年增減（%）
總計	5118.2	3.86%
中國大陸及香港	1302.3	6.22%
美國	1463.4	6.19%
歐洲	1006.8	-0.30%
東協	486.4	-1.83%
日本	296.4	2.82%

備註：自 106 年 4 月原東協六國改東協，包括新加坡、馬來西亞、菲律賓、泰國、印尼、越南、汶萊、寮國、緬甸及柬埔寨等十國。

資料來源：經濟部統計處，資策會 MIC 經濟部 ITIS 研究團隊整理，2019 年 7 月

表 1-10　2018 年臺灣外銷訂單主要接單貨品類別

主要類別	金額（億美元）	較上年增減（％）
資訊通信	1485.1	0.64%
電子產品	1328.5	4.63%
光學器材	246.6	-8.52%
基本金屬	296.1	8.10%
塑橡膠製品	247.1	7.43%
化學品	239.1	11.74%
機械	240.2	3.62%
電機產品	196.2	2.23%
礦產品	146.2	34.14%
其餘貨品	693.1	4.63%

備註：精密儀器名稱變更為光學器材，鐘錶、樂器移至其餘貨品
資料來源：經濟部統計處，資策會MIC經濟部ITIS研究團隊整理，2019年7月

表 1-11　臺灣核准華僑及外國人、對外、對中國大陸投資概況

年別	核准華僑及外國人投資（千美元） 總計	華僑	外國人	核准對外投資（千美元） 金額	核准對中國大陸投資（千美元） 金額
2014 年	5,770,024	18,811	5,751,213	7,293,683	10,276,570
2015 年	4,796,847	14,844	4,782,003	10,745,195	10,965,485
2016 年	11,037,061	10,827	11,026,234	12,123,094	9,670,732
2017 年	7,513,192	9,400	7,503,791	11,573,208	9,248,862
2018 年	11,440,234	11,772	11,428,462	14,294,562	8,497,730

備註：核准對中國大陸投資統計資料包含補辦許可案件之統計金額
資料來源：經濟部投資審議委員會，資策會MIC經濟部ITIS研究團隊整理，2019年7月

表 1-12　臺灣貨幣、利率與匯率概況

年別	M1B 年增率 (%)	M2 年增率 (%)	放款與投資年增率 (%)	重貼現率 (%)	貨幣市場利率 (%)	匯率（新臺幣／美元）
2014 年	7.96	5.66	5.20	1.875	0.62	30.36
2015 年	6.10	6.34	4.61	1.625	0.58	31.89
2016 年	6.33	4.51	3.89	1.375	0.39	32.32
2017 年	4.65	3.75	4.82	1.375	0.44	30.44
2018 年	5.32	3.52	5.04	1.375	0.49	29.06

資料來源：中央銀行，資策會 MIC 經濟部 ITIS 研究團隊整理，2019 年 7 月

表 1-13　臺灣勞動力與失業概況

年別	勞動力（千人）	勞動參與率（%）	就業者（千人）	失業者（千人）	失業率（%）
2014 年平均	11,535	58.54	11,079	457	3.96
2015 年平均	11,638	58.65	11,198	440	3.78
2016 年平均	11727	58.75	11,267	460	3.92
2017 年平均	11795	58.83	11,352	443	3.76
2018 年平均	11,874	58.99	11,434	440	3.71

資料來源：行政院主計總處，資策會 MIC 經濟部 ITIS 研究團隊整理，2019 年 7 月

第二章　資訊工業總覽

一、產業範疇定義

　　本文中所提及之資訊工業產業範疇，主要以資訊硬體次產品及其產業為代表，涵蓋四大產品包括桌上型電腦、筆記型電腦（含迷你筆記型電腦）、伺服器、主機板。

二、全球產業總覽

　　根據資策會MIC研究調查，2018年全球主要資訊硬體產業產值約達172,652百萬美元之規模，相較2017年171,310百萬美元微幅成長0.8%。分析主要產業產值表現，全球呈現成長表現的有桌上型電腦產業的0.4%、主機板產業的2.6%、伺服器產業的4.1%，全球呈現衰退的唯有筆記型電腦產業下滑-1.3%。觀察成長原因，換機潮持續發酵、處理器新品帶動需求、資料中心持續擴建等因素皆促進了主要資訊硬體產業產值表現，然而受到中央處理器缺貨議題影響，導致產值成長動能受阻，進而影響層面最嚴重的筆記型電腦產業衰退。

　　2018年主要國家的資訊硬體產業出貨量排名中，臺灣仍位於前三大排名內，例如筆記型電腦、桌上型電腦、伺服器等產業。主要原因是臺灣資訊硬體產業仍占有全球供應鏈之重要位置，無論是前期研發、中期製造、後期銷售等，尤其是資料中心客戶與臺灣伺服器大廠的直接出貨模式，成功帶動新的臺灣資訊硬體產業轉型的重要一步。

　　關於位於前三大排名內的中國大陸，其供應鏈爭取訂單能力不斷提高，原因是在政府政策及資金挹注下發展趨近完整，因此大幅提升了價格競爭力與在地化服務的優勢，加上本土市場需求持續提升，使中國大陸品牌在全球資訊硬體關鍵市場占有率提高，例如桌機市場的聯想，伺服器市場的浪潮、曙光、華為等。

關於美國的資訊硬體產業表現，由於關稅政策影響，因此仍以美國本土為組裝集結點，並持續降低自製比重。以桌上型電腦為例，美國品牌廠商 HP、Apple、Dell 等仍交由臺灣代工廠負責生產，僅有少量的高階產品保持自製。以伺服器為例，美國品牌廠 HPE 與 Dell EMC 等也多交由臺灣代工，相較過往模式而言差別不大。

值得注意的是，2018 下半年中美貿易摩擦的關稅策略，雖然大幅提高了中國大陸製造生產的成本與風險，全球資訊硬體產業中無論是桌上型電腦、筆記型電腦、伺服器、主機板等，產能從中國大陸遷出已成為新的共識。然而，產能遷移的成本與風險將持續提高相關供應鏈的額外支出。對於首當其衝之一的臺灣設計製造商而言，如何快速部署適合自己的產線將是新的共同挑戰。

三、臺灣產業總覽

根據資策會 MIC 研究調查，2018 年臺灣主要資訊硬體產業產值約為 110,832 百萬美元，相較前一年表現，衰退幅度為 1.1%。分析產值衰退的主要原因，雖然上半年有許多利多因素，例如 Win 10 商用換機潮及 Intel 新款 Coffee Lake 8th 處理器促進桌上型電腦產業出貨表現、資料中心擴建及 Intel 新平台 Purley 刺激伺服器產業出貨提升等，然而下半年的中美貿易摩擦、Intel 處理器缺貨、非電競的消費性市場持續萎縮等利空因素，導致整年臺灣主要資訊硬體產業產值表現低於預期。

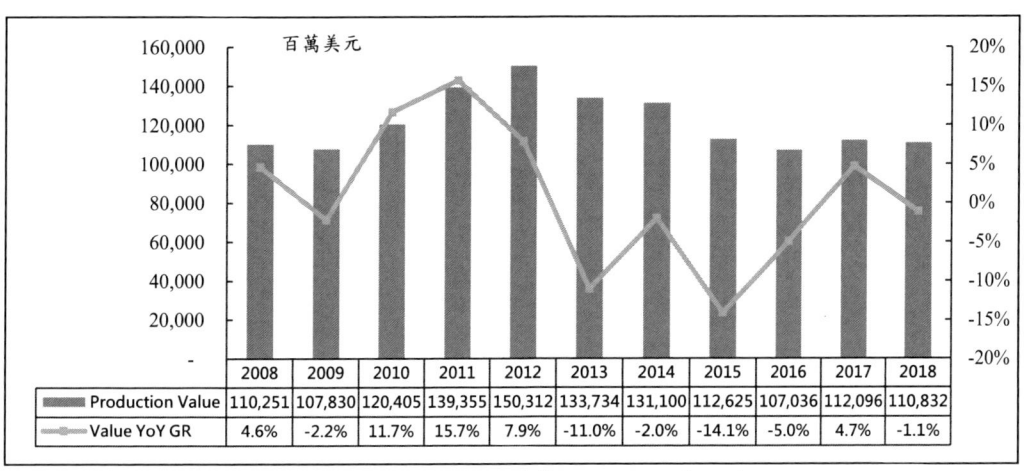

資料來源：資策會 MIC 經濟部 ITIS 研究團隊整理，2019 年 7 月

圖 2-1　2008-2018 年臺灣資訊硬體產業產值

　　回顧 2018 年臺灣主要資訊硬體產業產銷表現，關於臺灣桌上型電腦產業，2018 年臺灣桌上型電腦產值約 12,962 百萬美元，年成長率約 2.8%。Win 10 商用機種出貨以及 Intel Coffee Lake 8th 處理器的新品效應，有效提高 2018 年臺灣代工廠平均銷售價格（Average Selling Price，ASP）。而近年桌上型電腦零組件價格上漲、勞工薪資成本上漲、美中貿易戰等原因，使臺灣業者製造成本提高，代工業者依據機型與桌上型電腦品牌廠重新議價，因此 2018 年之平均銷售價格高於 2017 年，而毛利方面則變化不大。

　　關於臺灣筆記型電腦產業，2018 年產值約 56,613 百萬美元，年增率為-4.7%。雖然臺灣筆記型電腦自有品牌如華碩、宏碁於 2018 年全球筆記型電腦市場市占維持第五名與第六名，但由於產品調整與市場競爭，故其全球市占率微幅滑落至 16.7%，尤其自 2018 年全球遊戲用筆電產品競爭加劇，HP 及 Lenovo 搶攻低階遊戲用機種擴大市場，再加上非遊戲用的消費性市場萎縮，因而讓華碩、宏碁持續受到競爭，使其全球市占率出現鬆動，也導致產值下滑。

　　關於臺灣伺服器產業，由於資料的儲存與運算需求持續提升，刺激了資料中心部屬，也帶動伺服器產業的出貨表現。由於新興應用（如人工智慧技術）需要大量高端與高價的關鍵零組件，例如繪圖處

理器（Graphics Processing Unit，GPU）或現場可程式化邏輯閘陣列（Field Programmable Gate Array，FPGA）等，促進了伺服器產業產值表現，因此臺灣伺服器的產值表現相較 2017 年成長 12%，達到 11,892 百萬美元。

至於臺灣主機板產業，2018 年產值約 1,632 百萬美元，年增率衰退了 21%。主因是主機板產業發展已達成熟階段，消費者對主機板的需求量持續減少。值得注意的是，供應鏈集中化趨勢越來越顯著，例如臺灣的鴻海、緯創等代工業者接著 HP、Dell、Lenovo 等大廠訂單，整體而言相較過往變化不大。主要競爭者仍為中國大陸廠商，例如七彩虹集團（CFG），瞄準中低階主機板市場。

表 2-1　2018 年臺灣主要資訊硬體產品產銷表現

單位：百萬美元／千台

產品類別	2018 產值	2018／2017 產值成長率	2018 產量	2018／2017 產量成長率
筆記型電腦	56,613	-4.7%	126,111	-4.7%
桌上型電腦	12,962	2.8%	49,563	1.6%
主機板	1,632	-21.0%	82,419	-10.6%
伺服器	11,892	12.0%	4,182	6.5%

註 1：筆記型電腦產銷數據包含主流筆記型電腦與迷你筆記型電腦等產品型態
註 2：主機板產銷數據包含純主機板、準系統及全系統等出貨型態
註 3：伺服器產銷數據包含準系統及全系統等出貨型態，未包含純主機板出貨型態
資料來源：資策會 MIC 經濟部 ITIS 研究團隊整理，2019 年 7 月

觀察資訊硬體產品全球市占率，2018 年桌上型電腦為 51.1%、筆記型電腦為 78.7%、伺服器為 35.4%、主機板為 80.6%。比較市占率消長變化部分，桌上型電腦增長來自於三大品牌的市占率微幅上升。筆記型電腦衰退主因是 2018 年上半年仁寶和聯想合資廠商聯寶（LCFC）之合作關係結束，故將仁寶原有之聯寶出貨數字自 2018 年下半年於臺灣產業出貨規模之中剔除，使得臺灣筆電產業 2018 年產量相較 2017 年衰退 4.7%。伺服器產業微幅上升，因為雖然資料中心

市場持續刺激臺灣出貨表現,然而中國大陸市場仍以本土品牌為主,因此整體變化不高。主機板產業衰退主因是中國大陸本土業者營運表現不佳者逐漸退出市場,留存的廠商除接受代工訂單外,也經營自有品牌,投入電競主機板等高技術門檻產品研發,因此市占率從2017年的10.1%提升到2018年13.6%,進而排擠臺灣主機板產業市占表現。

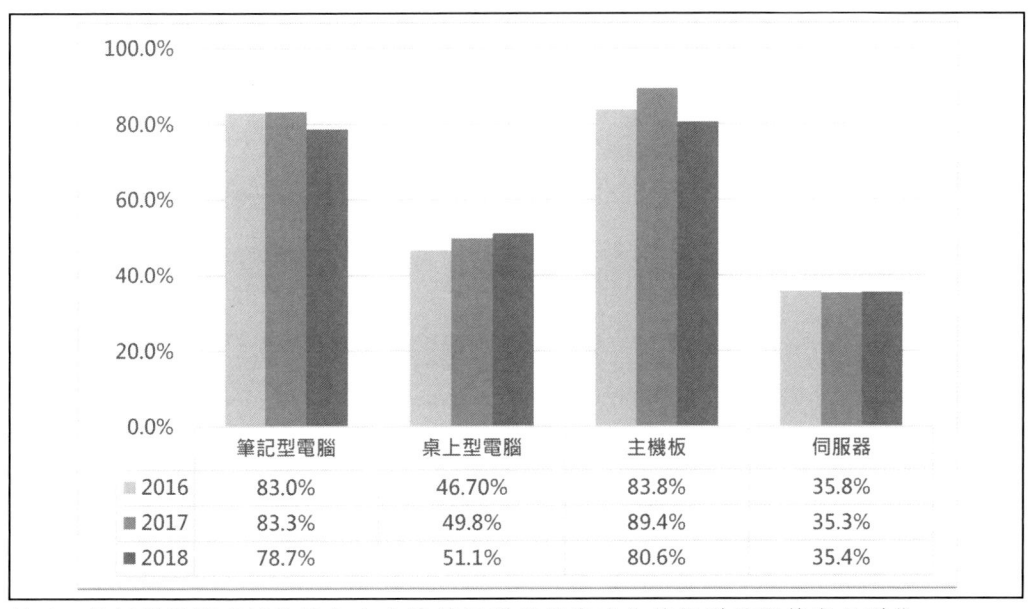

註1:筆記型電腦產銷數據包含主流筆記型電腦與迷你筆記型電腦等產品型態
註2:主機板產銷數據包含純主機板、準系統及全系統等出貨型態
註3:伺服器產銷數據包含準系統及全系統等出貨型態,未包含純主機板出貨型態
資料來源:資策會MIC經濟部ITIS研究團隊整理,2019年7月

圖2-2　臺灣主要資訊硬體產品全球市場占有率

　　從出貨地區觀察,北美位居出貨區域產值首位,為34.4%。位居次位的為西歐的24.2%。兩者位居全球比重從2017年的58.3%微幅提升到58.6%。亞太地區從13.1%增長到14%。另外,中國大陸衰退0.3%至15.1%。從生產製造據點觀察,位居首位的中國大陸,比重下降了1.3%至90.4%,主因是中美貿易摩擦致使風險提高,導致生產據點外移。

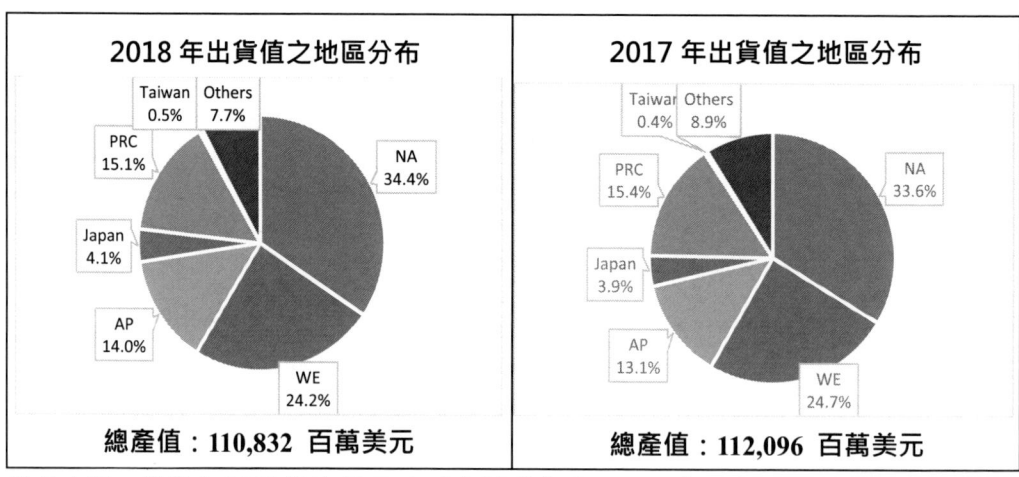

資料來源：資策會 MIC 經濟部 ITIS 研究團隊整理，2019 年 7 月

圖 2-3　臺灣資訊硬體產業出貨區域產值分析

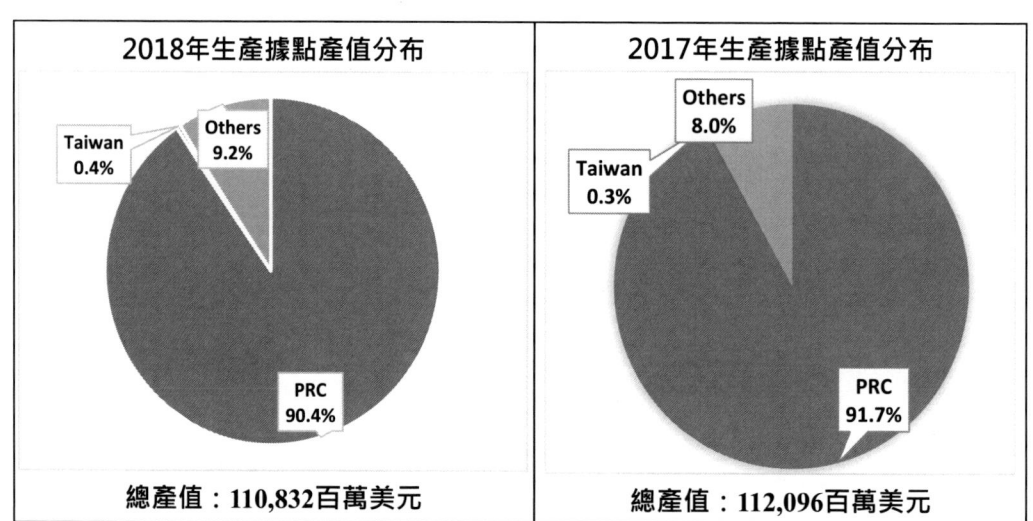

資料來源：資策會 MIC 經濟部 ITIS 研究團隊整理，2019 年 7 月

圖 2-4　臺灣資訊硬體產業生產地產值分析

　　預估 2019 年臺灣資訊硬體產業產值將達 111,213 百萬美元左右，成長率 0.3%。然而 2020 年迎來新的 5G 網路升級，刺激整體產業成長 0.6%至 111,902 百萬美元。主要資訊硬體產品全球市占率方面，由於臺灣在資訊硬體產業累積的技術壁壘與穩固的供應鏈模式，因

第二章 資訊工業總覽

此變化幅度差異不高,唯獨桌上型電腦與伺服器產業呈現微幅上升之趨勢。

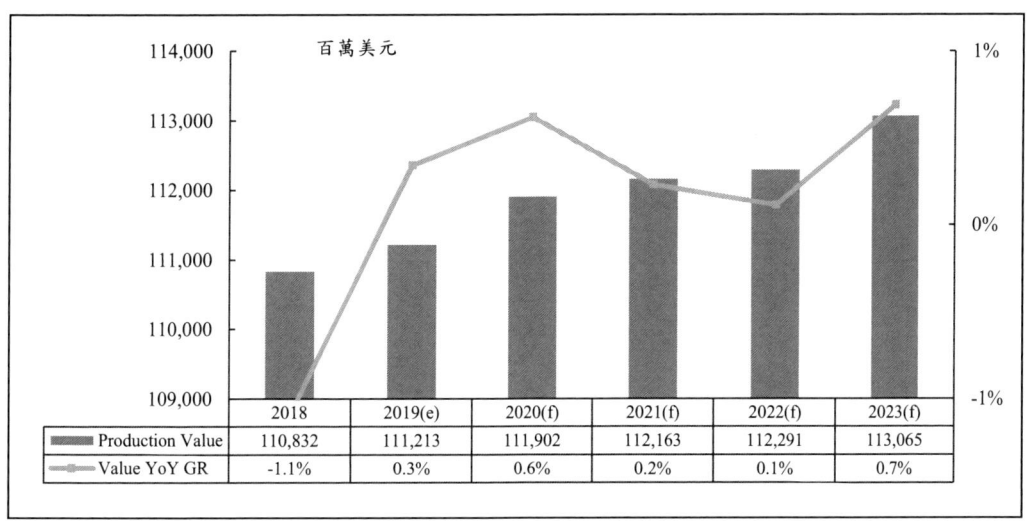

資料來源:資策會MIC 經濟部ITIS 研究團隊整理,2019年7月

圖2-5　2018-2023年臺灣資訊硬體產業總產值之展望

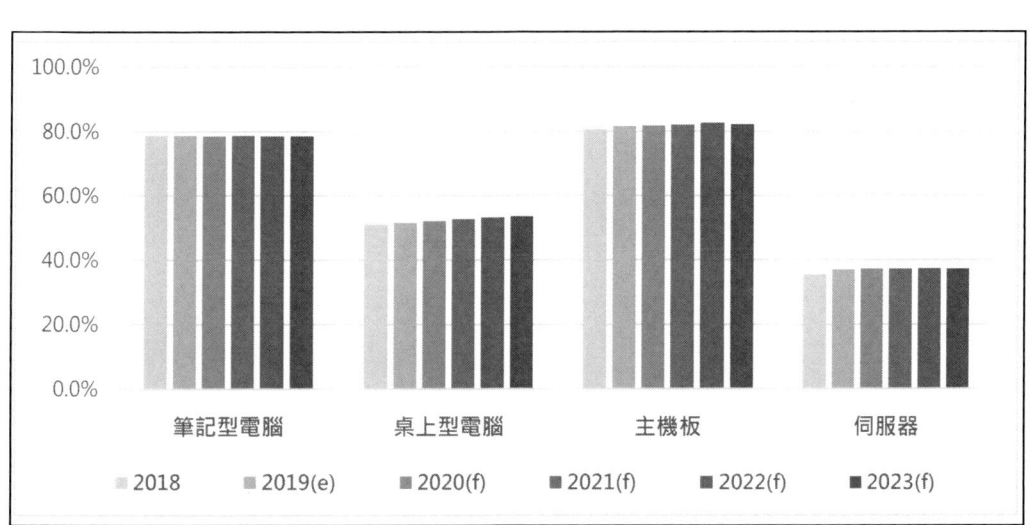

註1:筆記型電腦產銷數據包含主流筆記型電腦與迷你筆記型電腦等產品型態
註2:主機板產銷數據包含純主機板、準系統及全系統等出貨型態
註3:伺服器產銷數據包含準系統及全系統等出貨型態,未包含純主機板出貨型態
資料來源:資策會MIC 經濟部ITIS 研究團隊整理,2019年7月

圖2-6　2018-2023年臺灣主要資訊硬體產品全球占有率長期展望

第三章　全球資訊工業個論

一、全球桌上型電腦市場發展現況與產業趨勢分析

　　2018年全球桌上型電腦出貨量約96,941千台，年成長率-1.1%，為2014年後衰退幅度最小的一次。因Microsoft宣布於2020年1月停止Win 7支援，促使2017年底出現較明顯的Win10商用換機潮，2018年換機潮持續發酵，加上Intel在2018年4月推出數款Coffee Lake 8th處理器與晶片組，涵蓋Core i5、Core i3、Pentium、Celeron系列處理器，再加上2017年底發布的處理器，Intel始完成高、中、低階產品線布局，有助於拉抬桌機需求。另一方面，AMD於同年4月推出Ryzen 2nd處理器之高階與中階系列，意圖搶攻市場版圖。數款處理器新品上市，以及原本的商用換機需求，使得2018第二季淡季不淡，桌機出貨量值皆有顯著成長。

　　2018年下半年陸續出現不利桌機出貨之負面因素。首先，美國於同年7月10日公布對中國大陸的懲罰性關稅清單，包含桌機與其部分零組件，因此以中國大陸為生產基地的廠商，多趕在9月10%關稅開徵前，提早將商品運往美國。但Intel 14nm製程吃緊，為確保利潤，Intel優先供應行動裝置、伺服器的處理器需求，而桌機中階與低階處理器嚴重供貨不足，衝擊2018年下半年桌機出貨。此外，桌機品牌商為因應10%關稅，將美國市場的商品售價調升5%～10%不等，此舉降低了消費者購買桌機意願。對於商業用戶而言，貿易戰造成全球經濟局勢前景不明，亦有可能使企業減少IT支出，影響商業採購訂單。有鑑於以上因素，即使有Win10商用換機效應，2018下半年桌機出貨量仍遜於2017年同期。

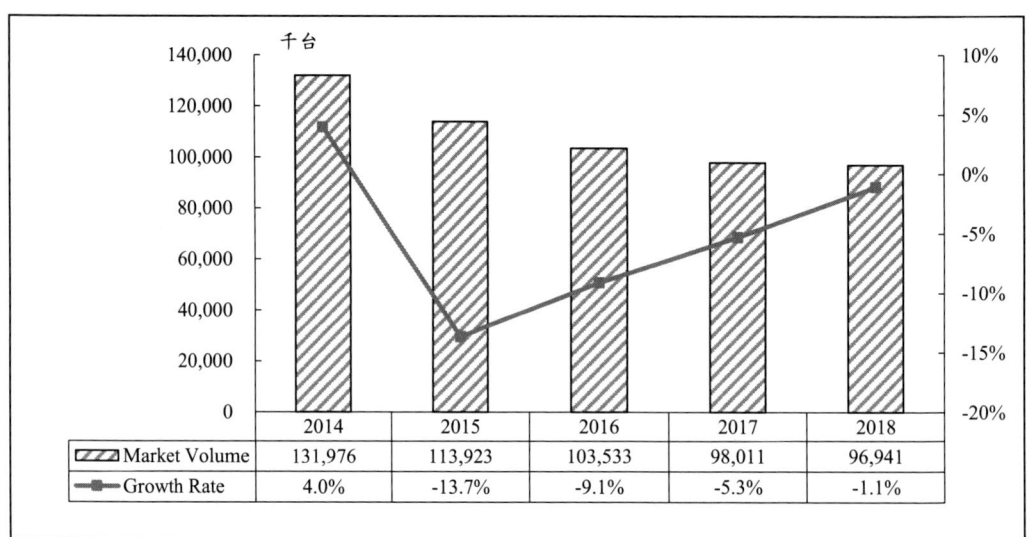

資料來源：資策會 MIC 經濟部 ITIS 研究團隊整理，2019 年 7 月

圖 3-1　2014-2018 年全球桌上型電腦市場規模

　　美國 2018 年經濟發展狀況良好，企業投資與民間消費支出皆增加，失業率持續下降，聯準會（Fed）亦在此年度進行多次升息，整體經濟表現優於 2017 年。造成經濟較不安定的主要因素為下半年的美中貿易戰，2018 年 9 月美方正式對自中國大陸進口之桌上型電腦課徵 10%懲罰性關稅，原定關稅於 2019 年將會提升至 25%，並已執行。

　　2018 年北美桌上型電腦市場規模約 17,643 千台，較 2017 年成長 0.6%，優於全球桌上型電腦市場成長率。究其原因，除了美國經濟情勢較好增強使用者消費力道以外，始於 2017 年底的 Win10 商用換機潮持續發酵至 2018 年，雖下半年面臨 Intel 14nm 桌機 CPU 缺貨事件，但 HP、Dell 等大型品牌商擁有優先取得 CPU 之順位，加上美中貿易戰促使業者早拉貨，故北美的桌機市場並未衰退。

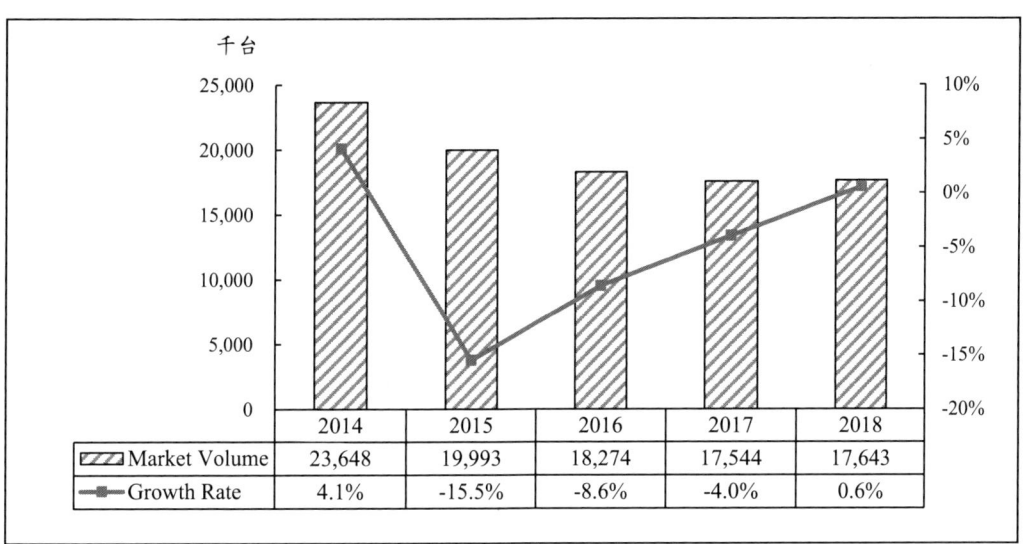

資料來源：資策會MIC經濟部ITIS研究團隊整理，2019年7月

圖 3-2　2014-2018年北美桌上型電腦市場規模

　　西歐國家近年面對諸多挑戰，主要國家包含英國、德國、法國等2018年之GDP皆遜於2017年，但2018年仍有商用換機訂單支撐，西歐桌上型電腦市場規模約8,240千台，較2017年衰退1.1%，是近三年來衰退幅度最小的一次。

　　觀察西歐2018年重要事件，英國脫歐影響甚鉅，首相梅伊（Theresa Mary May）提出的脫歐協議在國會多次表決失敗，歐盟方面已於2019年4月同意將脫歐時限延展至2019年10月底，企業及民間面對未來的不確定性，2019年投資與消費勢必趨向保守。此外，德國工業2018年受汽車減產衝擊、法國也爆發黃背心運動，不利歐洲經濟發展，連帶影響消費者購買力。

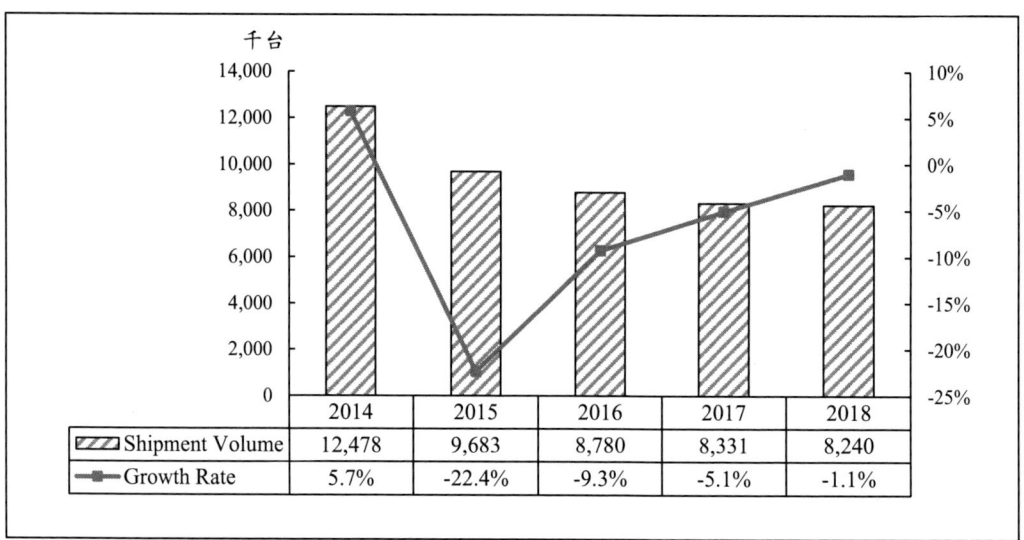

資料來源：資策會 MIC 經濟部 ITIS 研究團隊整理，2019 年 7 月

圖 3-3　2014-2018 年西歐桌上型電腦市場規模

　　日本地區因辦公室及居家空間較小，不占空間且可同時做為電視使用的一體成型電腦（All-in-One PC，AIO PC），以及小升數的 Mini PC 受到日本消費者青睞，其中 AIO 之消費機種提升畫質與音效，可做為居家娛樂用途。除專業應用外，大升數 PC 在日本市場需求依舊持續衰退中。

　　2018 年日本桌上型電腦市場規模約 2,530 千台，較 2017 年衰退 2.6%，雖 Win 10 商用換機潮帶動日本企業採購 PC，但筆電為主要採購商品，桌機之需求變化較小。日本近年經濟復甦緩慢，2019 年 2018 下半年中美貿易摩擦的關稅策略，雖然大幅提高了中國大陸製造生產的成本與風險，全球資訊硬體產業中無論是桌上型電腦、筆記型電腦、伺服器、主機板等，產能從中國大陸遷出已成為新的共識。然而，產能遷移的成本與風險將持續提高相關供應鏈的額外支出。

	2014	2015	2016	2017	2018
Market Volume	3,675	2,620	2,609	2,597	2,530
Growth Rate	7.6%	-28.7%	-0.4%	-0.5%	-2.6%

資料來源：資策會 MIC 經濟部 ITIS 研究團隊整理，2019 年 7 月

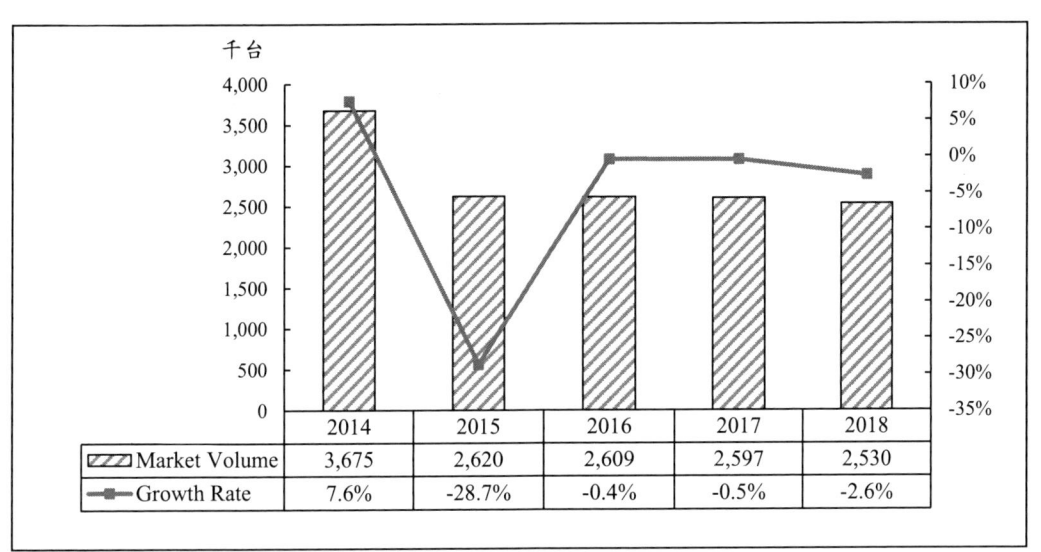

圖 3-4　2014-2018 年日本桌上型電腦市場規模

　　亞洲之新興市場是桌機最大宗出貨地區，但近年中國大陸換機週期拉長、經濟成長逐漸趨緩，造成需求衰退。中國大陸 PC 大廠聯想於 2018 年完成對 FUJITSU PC 部門股權收購，其全球市占率得到近一步提升，返回全球市占率第一的位置。東南亞市場以中低階桌機出貨為主，市場深受國際經濟情勢影響，2018 年之美中貿易戰、美國聯準會升息等事件，影響消費者信心。待東南亞經濟發展趨向穩定，未來仍具備成長潛力。觀察 2018 年亞洲桌上型電腦市場，市場規模達 45,960 千台，相較於 2017 年下滑 0.4%，衰幅減小表示 Win 10 商用換機需求在本年度依舊持續。

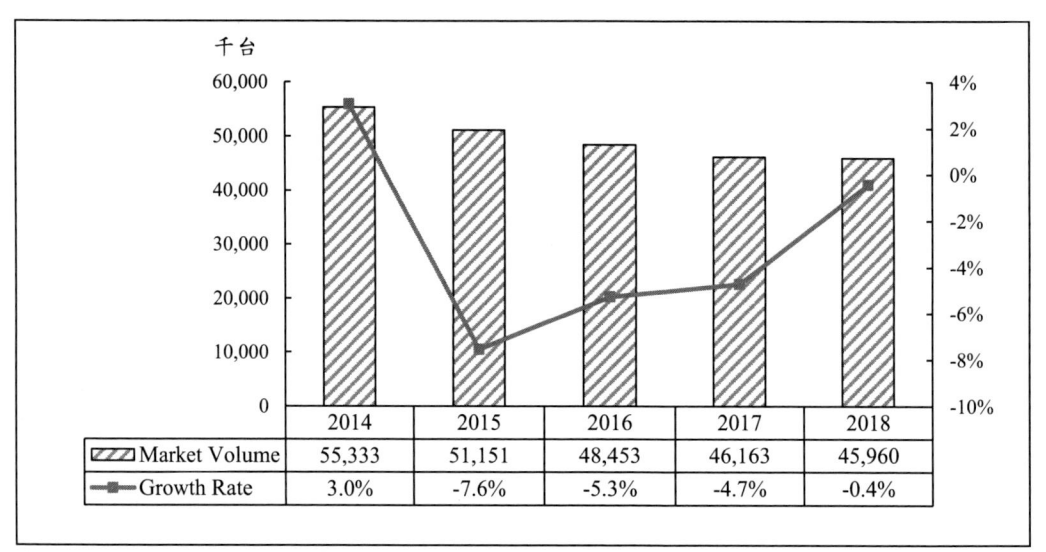

	2014	2015	2016	2017	2018
Market Volume	55,333	51,151	48,453	46,163	45,960
Growth Rate	3.0%	-7.6%	-5.3%	-4.7%	-0.4%

備註：統計範圍不包括日本
資料來源：資策會 MIC 經濟部 ITIS 研究團隊整理，2019 年 7 月

圖 3-5　2014-2018 年亞洲桌上型電腦市場規模

其他區域市場包含南美洲、中東等地區，多為發展中新興市場，桌上型電腦雖相對受到消費者青睞，亦面臨筆記型電腦及其他行動裝置的競爭。2018 年受美國聯準會多次升息影響，巴西、阿根廷等國經濟表現不佳，且 Intel 缺貨之 CPU 為桌機中低階 CPU，而中低階桌機又是此區域之需求主流，因此造成其 2018 年出貨成長率低於全球平均值。2018 年其他地區桌上型電腦市場規模約 22,568 千台，年成長率約-3.5%。

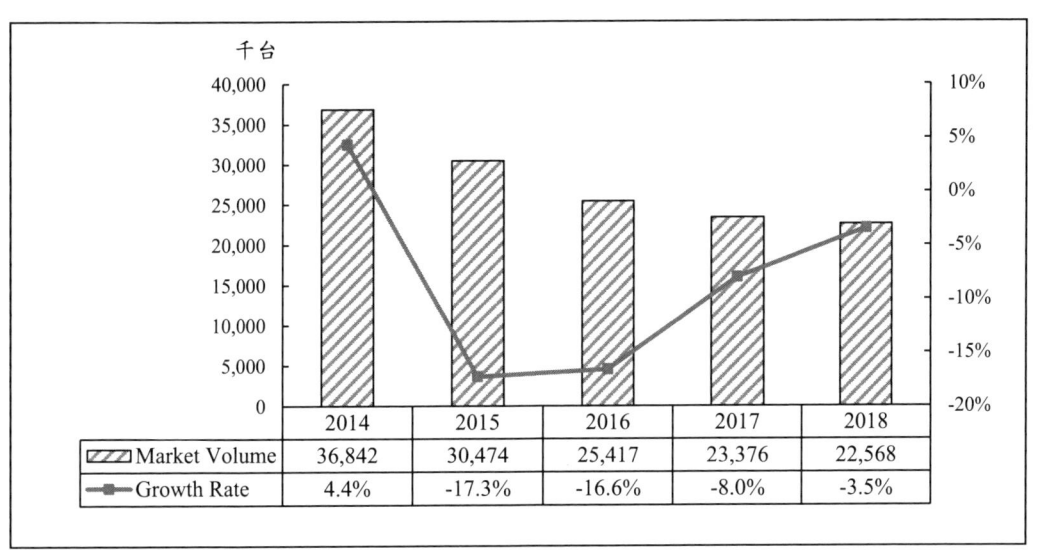

	2014	2015	2016	2017	2018
Market Volume	36,842	30,474	25,417	23,376	22,568
Growth Rate	4.4%	-17.3%	-16.6%	-8.0%	-3.5%

資料來源：資策會 MIC 經濟部 ITIS 研究團隊整理，2019 年 7 月

圖 3-6　2014-2018 年其他地區桌上型電腦市場規模

二、全球筆記型電腦市場發展現況與產業趨勢分析

全球筆記型電腦市場出貨量規模在 2018 年達 160,202 千台，相較 2017 年僅微幅成長 0.8%，占全球傳統個人電腦市場（不含平板電腦）比重逾六成。全球筆記型電腦出貨量成長趨緩之主要原因有三：第一、美中貿易摩擦提高經濟不確定性；第二、Intel 因晶圓製程轉換造成出貨不順而壓抑成長；第三、原本快速成長之遊戲用筆記型電腦轉而趨緩等綜合因素所致。

尤其從 2018 年上半年來看，由於缺乏 Windows 10 更新等換機因素帶動，全球商用換機需求相較 2017 年同期持平。2018 年下半年雖有返校季和銷售季等市場需求刺激，但也受 Intel 低階 CPU 缺貨影響二線以下業者，以及美中貿易摩擦致市場需求不確定性增高等負面因素持續影響。此外，NVIDIA 新款 RTX 20 系列 GPU 在 2018 年 9 月推出時僅桌上型電腦用產品，無從刺激遊戲用筆記型電腦機種消費需求。

因此,由於受到上述因素影響,造成2018年下半年全球筆記型電腦出貨量亦僅與2017年同期持平。而就全年來看,相較於2017年有賴商用換機與遊戲機種等較高市場需求帶動,2018年除需求減弱以外,又遭逢總體經濟與CPU缺貨等負面因素,因而僅能維持市場規模微幅成長。

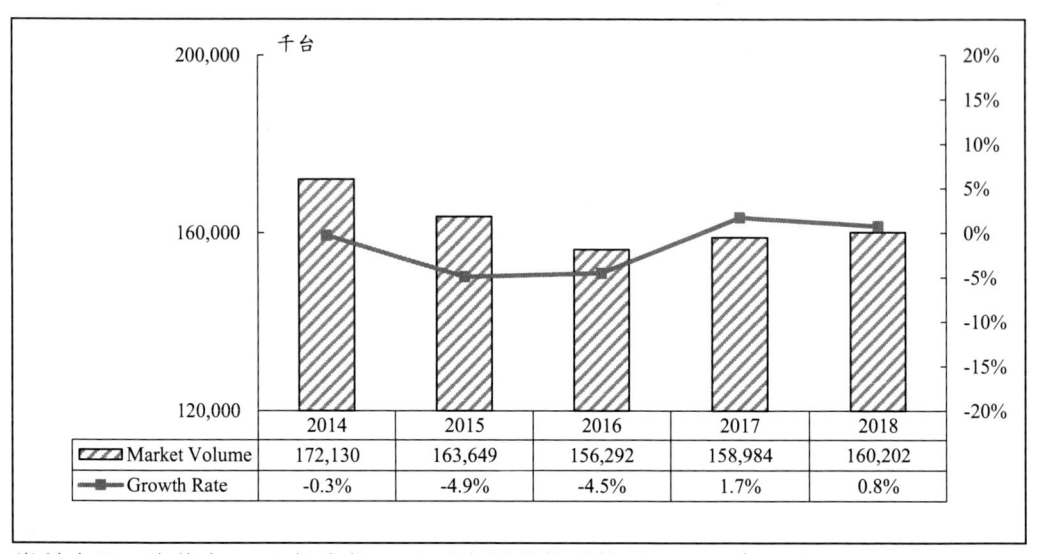

	2014	2015	2016	2017	2018
Market Volume	172,130	163,649	156,292	158,984	160,202
Growth Rate	-0.3%	-4.9%	-4.5%	1.7%	0.8%

資料來源:資策會MIC經濟部ITIS研究團隊整理整理,2019年7月

圖3-7　2014-2018年全球筆記型電腦市場規模

其中,就全球筆記型電腦品牌廠商表現來看,CPU缺貨、貿易摩擦等因素,反而助益HP、Lenovo和Dell等前三大業者擴大出貨量,合計市占率已逾六成。主要是由於三大業者議價協商能力優於二線以下業者,故在面對CPU缺貨時仍能取得供貨優先度;再者,在面臨美中貿易摩擦恐導致提高關稅之時,亦能調整北美據點並協調下游通路提高庫存量。相較之下,二線以下廠商則備受壓力,難與前三大業者相比擬。

而Apple雖在2018年推出新款筆記型電腦產品,但未順勢推出其低價產品,無法擴大全球出貨量而造成市占率下滑;Acer則積極擴大遊戲用筆記型電腦產品線與市場通路,滿足多元消費者需求而維持市占率;相對來看,面臨組織重整難題的Asus則欲振乏力,雖

亦積極耕耘遊戲用市場需求,然而其他消費性產品則趨於弱勢。至於其他筆記型電腦業者,則面臨 CPU 缺貨、成長停滯以及大廠競爭等負面因素影響,多數皆出現出貨量衰退之窘境,造成市場集中程度再度提高。

在各別區域市場出貨方面,美國雖是美中貿易摩擦之主要國家,但由於北美商用機種換機市場穩健、遊戲用筆記型電腦又能帶動消費性市場需求;再者,由於筆記型電腦未列入加徵關稅清單,但在 2018 年第四季仍有高度不確定性,因此廠商提前將產品銷美備貨,亦是影響北美市場狀況的原因之一。是故北美市場 2018 年出貨量規模微幅成長 0.9%至 52,942 千台,北美地區占全球比重維持在 33.0%。

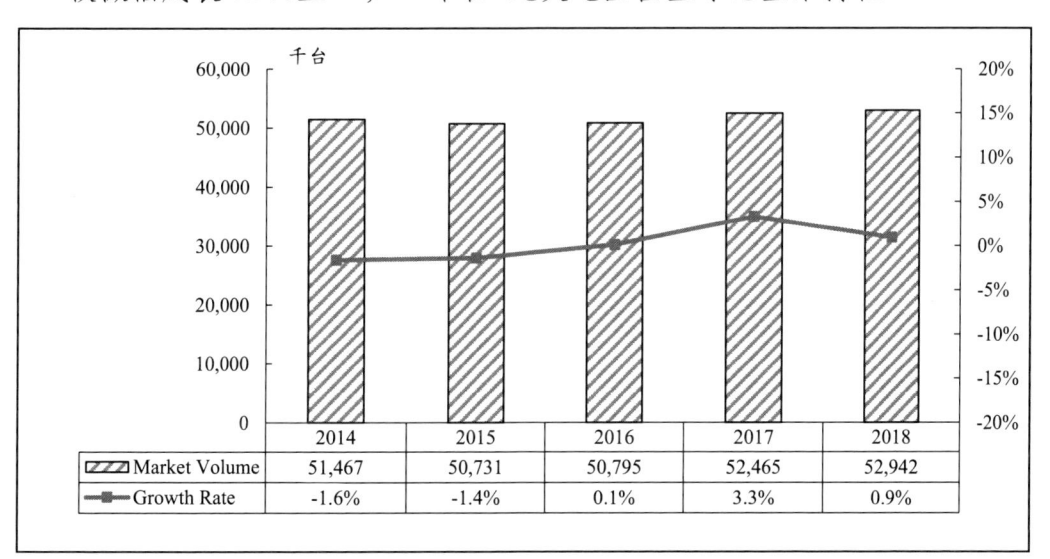

	2014	2015	2016	2017	2018
Market Volume	51,467	50,731	50,795	52,465	52,942
Growth Rate	-1.6%	-1.4%	0.1%	3.3%	0.9%

資料來源:資策會 MIC 經濟部 ITIS 研究團隊整理,2019 年 7 月

圖 3-8　2014-2018 年北美筆記型電腦市場規模

傳統商用換機和遊戲用機種等需求因素,也同時助益西歐筆記型電腦市場出貨規模。雖然西歐市場亦間接受到美中貿易摩擦影響,本身亦有英國脫歐等政經因素,但歷經萎縮的市場規模終於在 2018 年止跌回溫,使得西歐市場在 2018 年出貨達 36,970 千台,占全球比重微升至 23.1%。

	2014	2015	2016	2017	2018
Shipment Volume	41,483	38,294	36,729	36,566	36,970
Growth Rate	1.8%	-7.7%	-4.1%	-0.4%	1.1%

資料來源：資策會MIC經濟部ITIS研究團隊整理整理，2019年7月

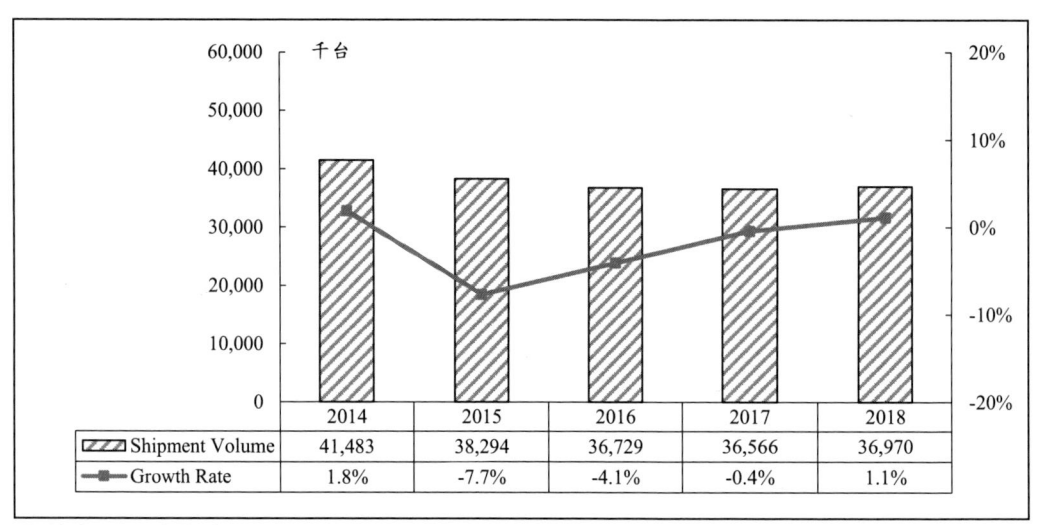

圖3-9　2014-2018年西歐筆記型電腦市場規模

日本雖然持續面臨Sony切割個人電腦部門、NEC和Fujitsu分別出售個人電腦部門予聯想以及Toshiba出售個人電腦部門等經營因素影響，但由於東京奧運將在2020年舉辦，來自於企業的IT建置需求殷切，因此已經自2017年連續成長，讓日本筆記型電腦市場在2018年小幅成長1.1%達7,558千台。

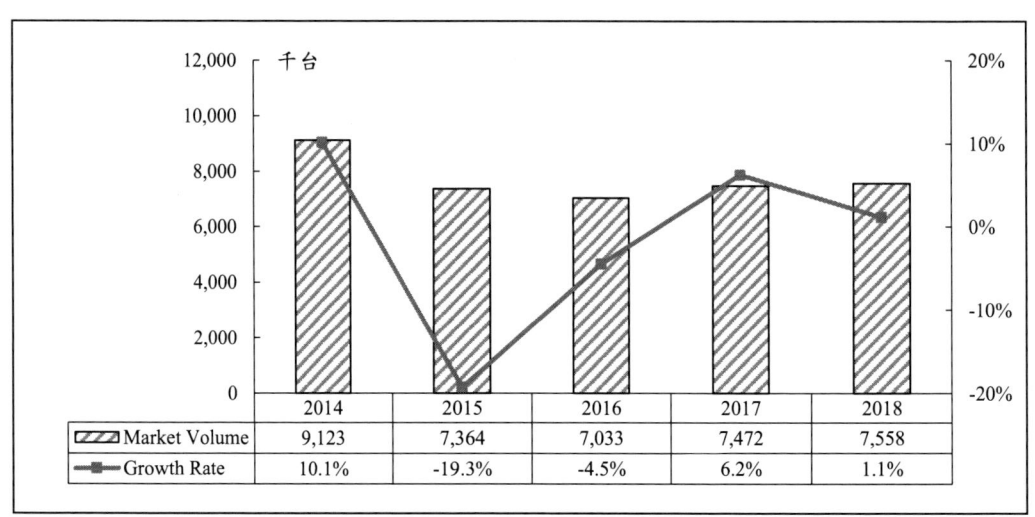

	2014	2015	2016	2017	2018
Market Volume	9,123	7,364	7,033	7,472	7,558
Growth Rate	10.1%	-19.3%	-4.5%	6.2%	1.1%

資料來源：資策會MIC經濟部ITIS研究團隊整理，2019年7月

圖3-10　2014-2018年日本筆記型電腦市場規模

中國大陸市場則在 2018 年受到政治管制數位遊戲市場的逆流，讓原本快速成長的遊戲用筆記型電腦出貨有所減緩；然而，隨著遊戲用筆記型電腦逐漸走向低規格、低價化，以吸引輕度遊戲玩家青睞，協助其在東南亞、南亞等其他亞洲市場之拓展腳步，帶動亞洲市場在 2018 年領先其他區域成長 1.7%，出貨量規模達 44,461 千台，僅次於北美市場。

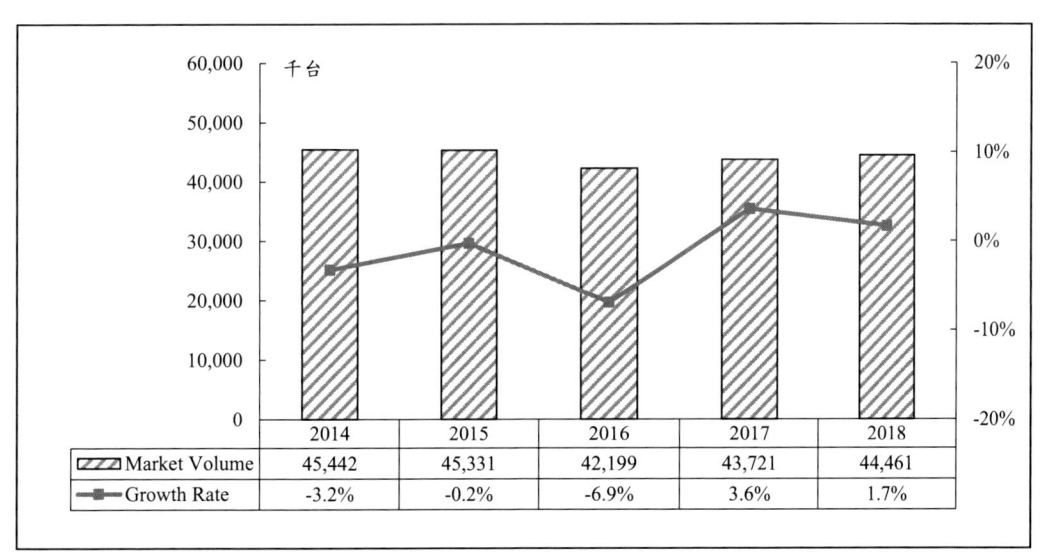

	2014	2015	2016	2017	2018
Market Volume	45,442	45,331	42,199	43,721	44,461
Growth Rate	-3.2%	-0.2%	-6.9%	3.6%	1.7%

備註：統計範圍不包括日本
資料來源：資策會 MIC 經濟部 ITIS 研究團隊整理，2019 年 7 月

圖 3-11　2014-2018 年亞洲筆記型電腦市場規模

至於在其他市場方面，雖然未受美中貿易摩擦直接影響，但卻間接造成美元兌其他新興市場貨幣快速升值，而在 2018 年第三季達到高峰。而筆記型電腦產品慣以美元計價，因此對新興市場銷售價格造成極大影響，使得 2018 年出貨規模小幅衰退 2.6%而僅達 18,271 千台，成為全球表現最差之區域市場。

	2014	2015	2016	2017	2018
Market Volume	24,615	21,929	19,537	18,760	18,271
Growth Rate	1.1%	-10.9%	-10.9%	-4.0%	-2.6%

資料來源：資策會 MIC 經濟部 ITIS 研究團隊整理，2019 年 7 月

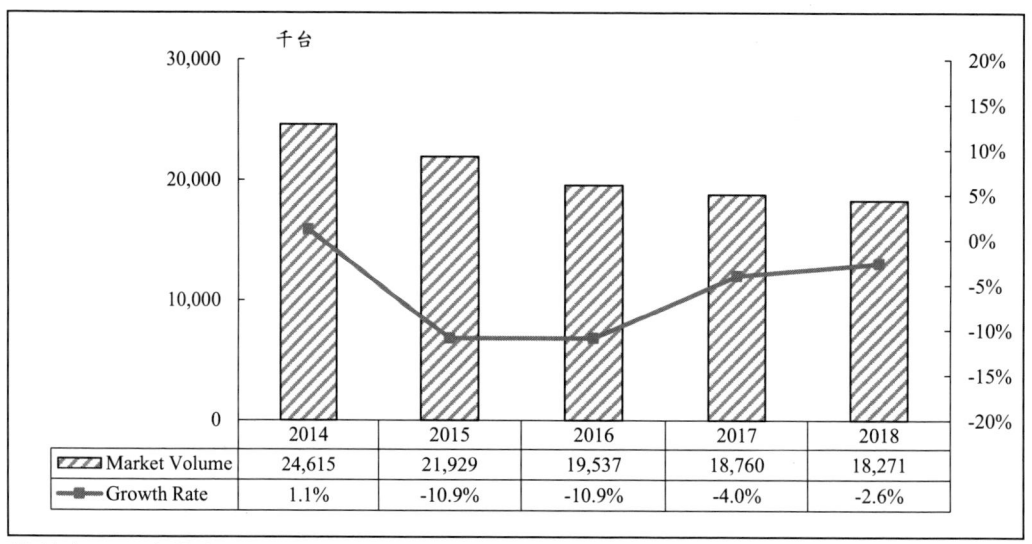

圖 3-12　2014-2018 年其他地區筆記型電腦市場規模

三、全球伺服器市場發展現況與產業趨勢分析

　　伺服器處理器新平台 Purley 與 EPYC 的換機效益正逐漸發揮。此外，由於處理器市場競爭加劇，尤其是 AMD 正有效地挑戰 Intel 過往獨占數據中心市場地位。促使 Intel 推出 Purley 平台的新款處理器架構 Cascade Lake 測試樣品，與 AMD 的 EPYC 平台新款測試樣品代號 Rome 抗衡，共同推升伺服器市場的出貨表現。

　　兩大伺服器處理器平台的競爭也轉向了資料中心，原因是國際雲端大廠之市場拓展成果亮眼，例如 Amazon 市值於 2018 年 7 月首次突破 9,000 億美元，成為全球繼 Apple 之後第二家市值突破 9,000 億美元的公司。關鍵原因之一正是旗下雲端服務 AWS（Amazon Website Services）持續拓展新市場，其 18Q2 的 AWS 營收自去年同期的 41 億美元上升至 60 億美元左右。另一方面，Microsoft 公布 2018 財年財報的營收 1,103.6 億美元，比去年同期成長 14%，同時也是 Microsoft 第一次財年收入突破 1,000 億美元大關。主要成長動能也來自於旗下雲端服務 Azure，其 18Q2 的 Microsoft 雲端服務整體營

收達到 96.1 億美元，比去年同期的 78.22 億美元成長了 22.81%，其中 Azure 營收甚至較去年成長了 89%。

　　國際大廠亮眼的雲端營收證明了其影響力不容小覷，對於硬體架構設計之參與度也水漲船高，此舉可進一步節省採購成本和提高硬體效率。例如市場傳言 Amazon 正考慮製造與銷售企業用網路交換器設備，挑戰現有主流廠商地位並導致其股價下跌，例如 Cisco 股價下跌 4%與市值下滑 85 億美元。對於臺灣代工廠而言，雲端大廠已是舉足輕重的客戶，如何競爭此塊市場的需求，已成為新的挑戰而非選擇。

　　除了既有的中央處理器平台，運算加速解決方案也因人工智慧技術逐漸普及而受到資料中心市場的重視。人工智慧運用深度學習解決真實世界問題，例如語音辨識、影像辨識、自動駕駛、智慧醫療等，同時也帶起特殊應用晶片（Application Specific Integrated Circuit，ASIC）結合伺服器產品的浪潮，原因是 ASIC 面對特定人工智慧任務，相較現今主流的圖形處理器（Graphics Processing Unit，GPU）具有更高效能與低生產成本的優勢，促使國際大廠紛紛布局 ASIC 伺服器，例如 Google 的張量處理器（Tensor Processing Unit，TPU）、Fujitsu 的深度學習處理器（Deep Learning Unit，DLU）、Intel 的神經網絡處理器（Neural Network Processor，NNP）、阿里巴巴的阿里神經處理器（Ali-Neuronal Processing Unit，Ali-NPU）等等。預估中央處理器（Central Processing Unit，CPU）於伺服器產業的地位將不如過往的具有話語權，而這將間接影響 Intel 主導的長期布局，也將牽動我國既有代工合作關係，臺灣伺服器供應鏈該如何因應此趨勢，將是近期值得關注的重點。總而言之，2018 年全球伺服器出貨量達 11,814 千台，年增率約為 4.9%。

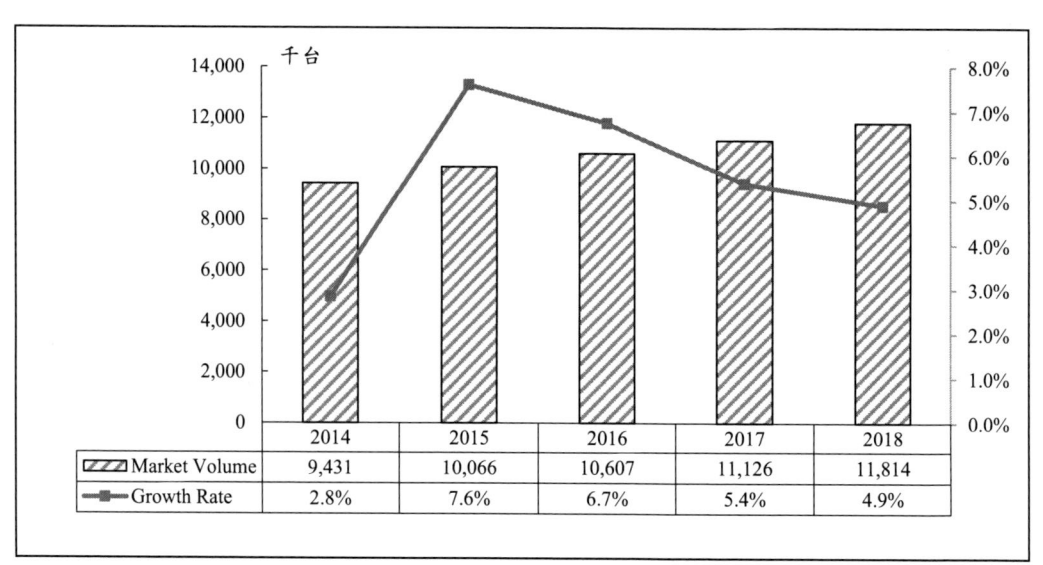

	2014	2015	2016	2017	2018
Market Volume	9,431	10,066	10,607	11,126	11,814
Growth Rate	2.8%	7.6%	6.7%	5.4%	4.9%

資料來源：資策會 MIC 經濟部 ITIS 研究團隊整理，2019 年 7 月

圖 3-13　2014-2018 年全球伺服器市場規模

　　從區域市場發展來觀察，2018 年北美仍位居全球伺服器最大規模市場，占比約為 4 成比例，出貨量達 5,487 千台。然而，2016 年至 2018 年的全球占比卻一路衰退，依序為 47.1%、46.9%、46.4%。進一步分析，北美位居最大規模市場的原因是全球前三大資料中心客戶：Amazon、Microsoft、Google 過往皆將重心置於此地，然而因資料中心必須不斷拓展至全球各地，尤其是急起直追的亞太市場，導致北美出貨量市占率一路下滑。因此 2018 年北美市場年成長率 5.2%，略高於全球市場年成長率 4.9%。

年份	2014	2015	2016	2017	2018
Market Volume	4,334	4,667	4,994	5,216	5,487
Growth Rate	20.3%	7.7%	7.0%	4.4%	5.2%

資料來源：資策會 MIC 經濟部 ITIS 研究團隊整理，2019 年 7 月

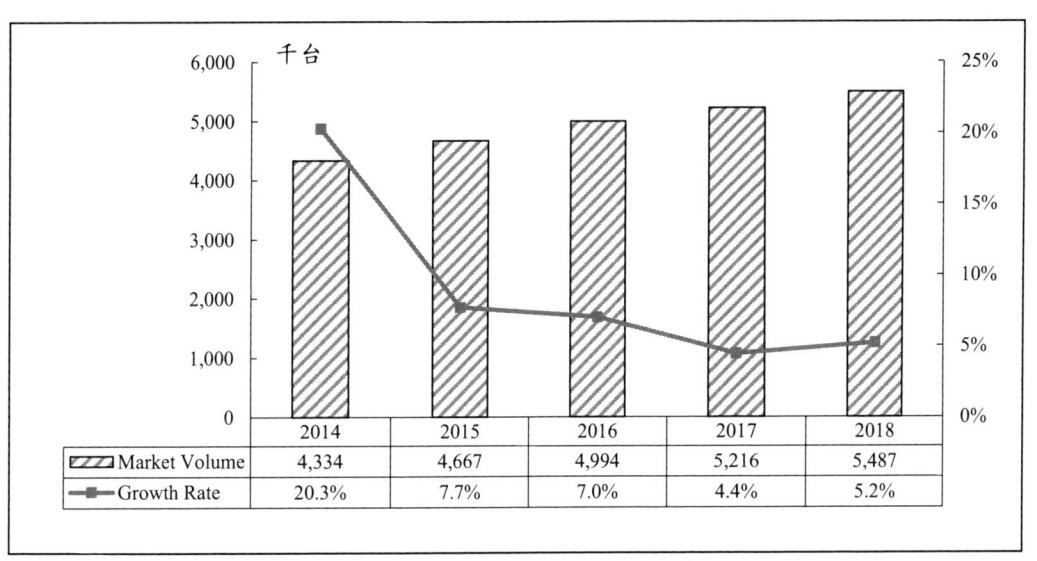

圖 3-14　2014-2018 年北美伺服器市場規模

2018 年 5 月 25 日歐盟正式實施一般資料保護規範（General Data Protection Regulation，GDPR），嚴格規定使用或處理居住在歐盟地區或歐盟公民的個人資料，包括徵求當事人同意，以及當事人權利中的資料刪除，開發和維護個人資料寄存器（Register），資料可攜性和個人資料控管者的當責性（Accountability）等。

GDPR 對於伺服器的影響是，資料的儲存與運算必須有一定程度保留在歐盟當地，也就是資料中心布建勢在必行，因此有效刺激了歐洲地區的出貨量表現，2018 年出貨量達 1,757 千台，年成長率 3.5%。雖然仍位居全球前三大市場，然而比重從 2017 年的 15.3%下滑到 2018 年的 14.9%。

	2014	2015	2016	2017	2018
Market Volume	1,561	1,608	1,648	1,698	1,757
Growth Rate	-2.7%	3.0%	2.5%	3.0%	3.5%

資料來源：資策會 MIC 經濟部 ITIS 研究團隊整理，2019 年 7 月

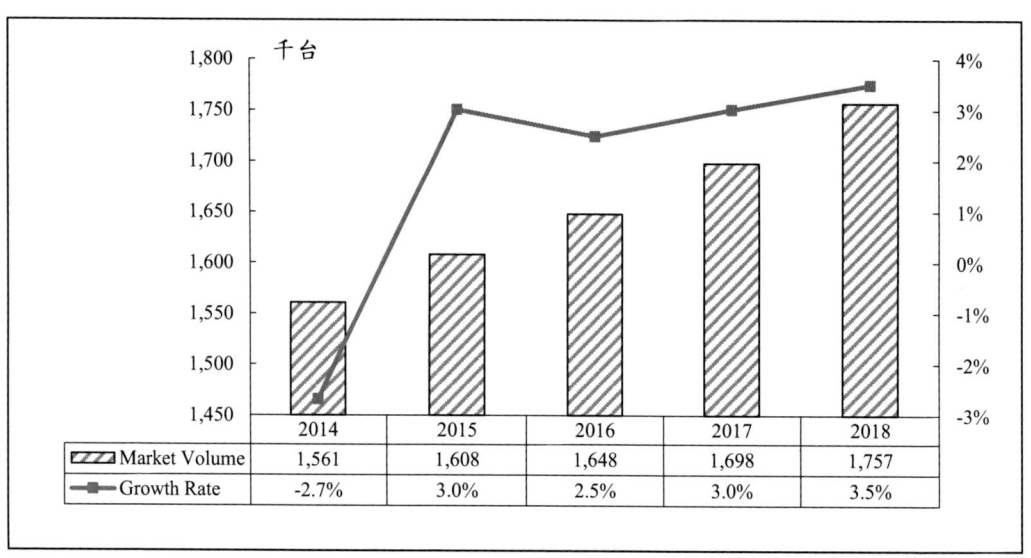

圖 3-15　2014~2018 年西歐伺服器市場規模

　　2018 年日本即積極布局 5G 網路建置，例如樂天與臺廠雲達共同設計次世代伺服器架構與解決方案。在 x86 架構產品新平台 Purley 需求刺激下，以及 2018 年 8 月日本政府與 Fujitsu 等推出世界上計算速度最快的超級電腦，共同促進了日本本土伺服器市場表現，2018 年出貨量達 498 千台，年增率為 5.5%。

　　另一方面，位居全球第 2 名的亞太市場全球市占率從 2017 年 26.8%提升至 2018 年 27.8%。主因正是中國大陸的雲端業者迅速崛起，例如阿里雲、騰訊雲、百度雲，甚至是成功打入國際市場的抖音 Tik Tok 母公司今日頭條、迅速拓展的電商平台京東等，都大量刺激了伺服器出貨量表現。資料中心的驅動力也從過往的三巨頭百度、阿里巴巴、騰訊（BAT）演變成四巨頭京東、阿里巴巴、騰訊、今日頭條（JATT）。在中國大陸地區強勁伺服器市場帶動下，亞太地區於 2018 年的年增率為 10.4%，銷售量達 3,290 千台。

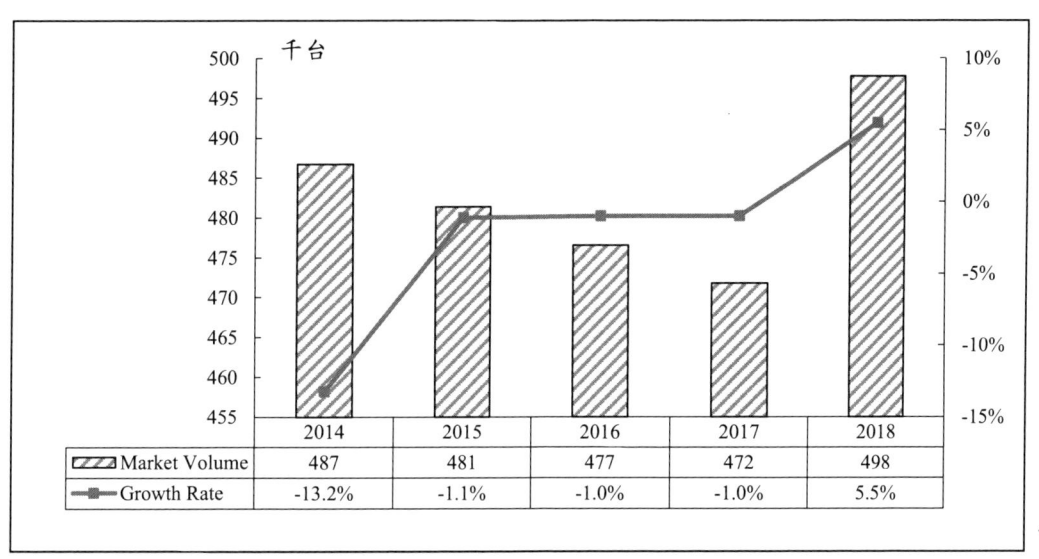

第三章 全球資訊工業個論

	2014	2015	2016	2017	2018
Market Volume	487	481	477	472	498
Growth Rate	-13.2%	-1.1%	-1.0%	-1.0%	5.5%

資料來源：資策會 MIC 經濟部 ITIS 研究團隊整理，2019 年 7 月

圖 3-16　2014-2018 年日本伺服器市場規模

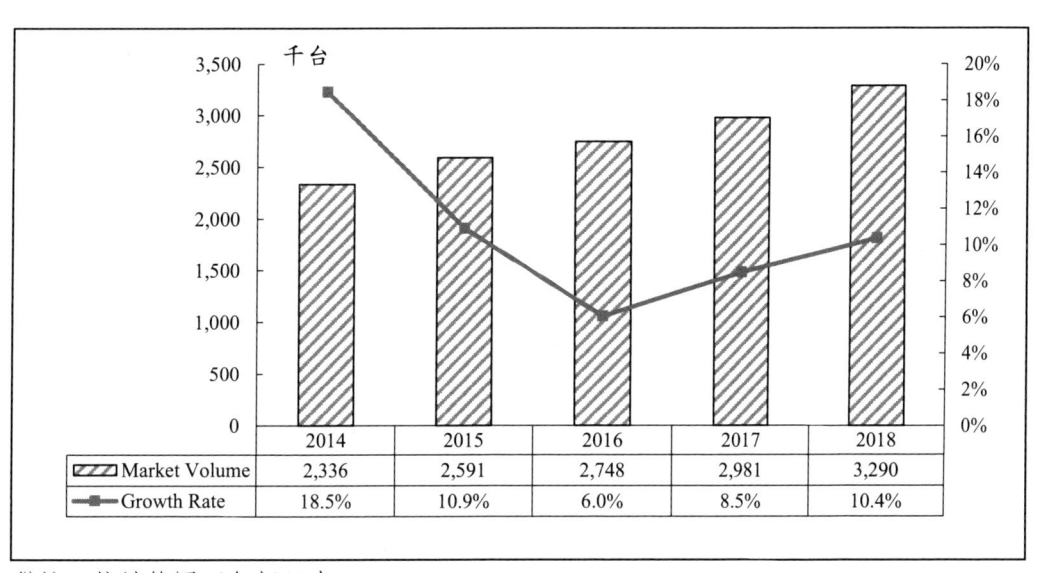

	2014	2015	2016	2017	2018
Market Volume	2,336	2,591	2,748	2,981	3,290
Growth Rate	18.5%	10.9%	6.0%	8.5%	10.4%

備註：統計範圍不包括日本
資料來源：資策會 MIC 經濟部 ITIS 研究團隊整理，2019 年 7 月

圖 3-17　2014-2018 年亞洲伺服器市場規模

2018 年之其他伺服器市場表現出貨量約 782 千台。主要是全球前三大資料中心佈建所驅動,加上各國政府的資料落地政策更使得各大國家紛紛投入相關基礎設施,年成長率約 3.0%。

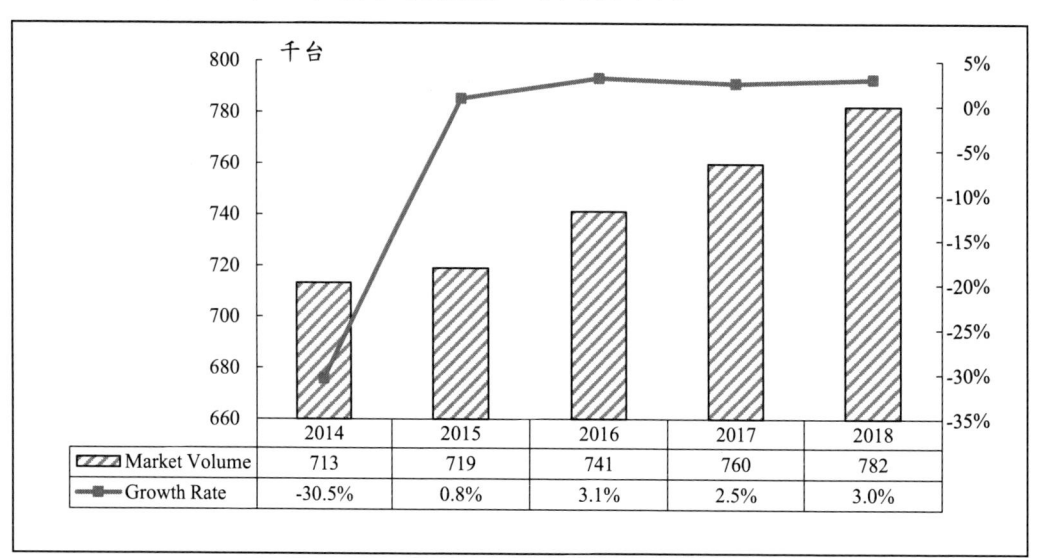

	2014	2015	2016	2017	2018
Market Volume	713	719	741	760	782
Growth Rate	-30.5%	0.8%	3.1%	2.5%	3.0%

資料來源:資策會 MIC 經濟部 ITIS 研究團隊整理,2019 年 5 月

圖 3-18　2014-2018 年其他地區伺服器市場規模

四、全球主機板市場發展現況與產業趨勢分析

2018 年全球主機板出貨量約 102,246 千片,年成長率約-0.8%。Win10 商用換機潮自 2017 年底逐漸出現,帶動 2018 年桌上型電腦以及主機板需求,預計此波商用換機潮將延續至 2019 年。除受惠於商用換機,2018 年 4 月份 Intel 之 Coffee Lake 處理器,相較於上一代 Kaby Lake 處理器有明顯差異,例如:Core i7 與 i5 增為 6 核心、Core i3 增為 4 核心、採用 300 系列晶片組、支援 DDR 4 記憶體等,激起使用者換新品的需求。可惜的是,Intel 14nm 處理器缺貨嚴重,主機板品牌業者取得處理器的順位落在大型 PC 品牌商之後,出貨受影響較嚴重。對於 DIY 用戶而言,2018 年亦面臨可購得主機板,買不到 CPU 的窘境。

美中貿易戰對消費者購買力的衝擊，是另一個不利主機板市場的因素。美國於 2018 年 9 月底正式對中國大陸進口 PCBA（Printed Circuit Board Assembly）課徵 10%關稅，使主機板品牌商成本增加。即使主要品牌商 2018 年初已因電容及印刷電路板等成本增加，調升售價約 3~5%，面對關稅壓力只好再度漲價。對於喜愛 PC DIY 的使用者，處理器與顯示卡等元件花費為組裝過程最昂貴的部分，主機板花費相對占比較小，是否有效能佳、價格合理的處理器和顯示卡產品問世，以及 Intel 處理器供貨正常的時程，對主機板業者影響較大。

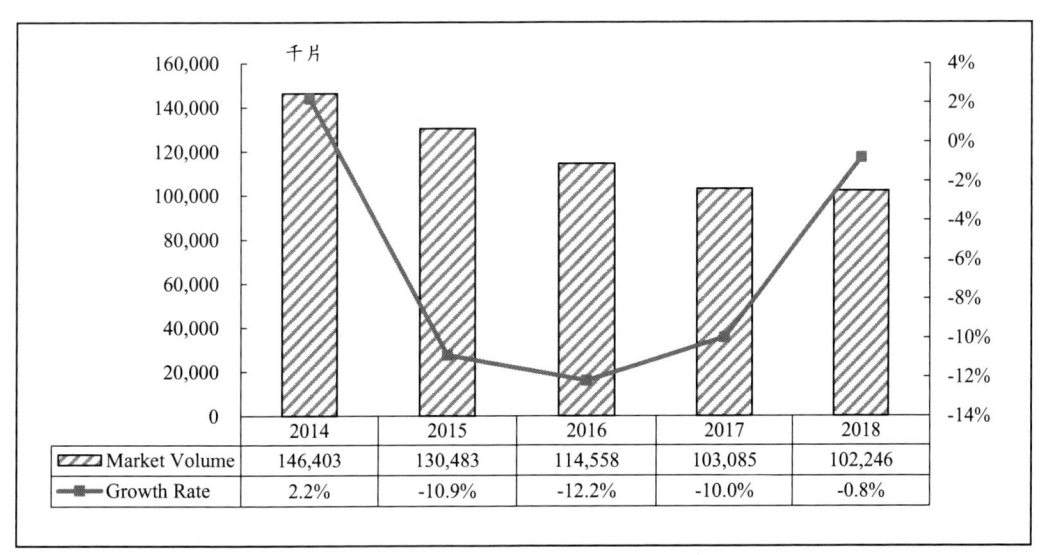

年度	2014	2015	2016	2017	2018
Market Volume	146,403	130,483	114,558	103,085	102,246
Growth Rate	2.2%	-10.9%	-12.2%	-10.0%	-0.8%

資料來源：資策會 MIC 經濟部 ITIS 研究團隊整理，2019 年 7 月

圖 3-19　2014-2018 年全球主機板市場規模

2018 年北美主機板市場出貨規模約 18,507 千片，年成長率為 3.2%。美國 2018 年經濟狀況較 2017 年佳，且 Win 10 商用換機潮持續發酵，PC 需求連帶使主機板出貨量成長。雖下半年面對 Intel 14nm CPU 缺貨以及美中貿易戰等事件，美國 2018 年桌機市場表現仍優於全球平均。探究其原因，Intel CPU 缺貨固然限制了桌機出貨量，但北美市場以美系業者 HP 與 Dell 為大宗，HP 與 Dell 在 CPU 之取得具有優先順位，加上商用機種之 CPU 供應又優先於消費機種，因此降低負面衝擊。此外，美中貿易戰促使 PC 代工廠與主機板品牌商皆

提早將商品運至美國,使 18Q3 出貨表現佳,以上原因使北美主機板出貨量較 2017 年成長。

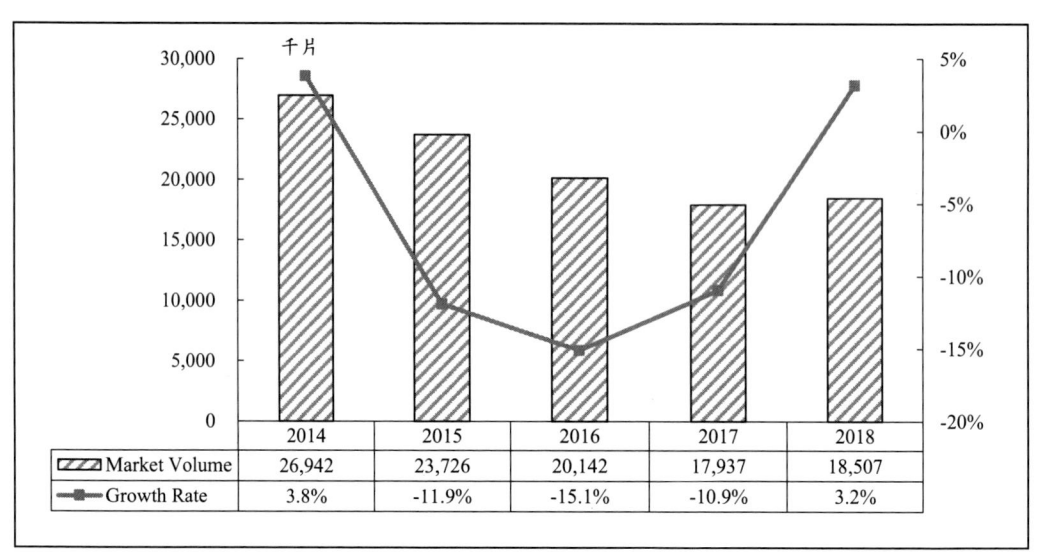

	2014	2015	2016	2017	2018
Market Volume	26,942	23,726	20,142	17,937	18,507
Growth Rate	3.8%	-11.9%	-15.1%	-10.9%	3.2%

資料來源:資策會 MIC 經濟部 ITIS 研究團隊整理,2019 年 7 月

圖 3-20　2014-2018 年北美主機板市場規模

　　2018 年西歐主機板市場出貨規模約 10,736 千片,年成長率為 12%。西歐 2017 年受到英國脫歐事件、難民潮湧入歐洲、歐洲主要國家紛紛舉行大選等不安定影響,企業及民間消費趨於保守,主機板需求量大幅衰退。2018 年西歐之 Win 10 商用換機潮順利啟動,企業 PC 訂單使主機板需求回升,加上 2017 年基期較低,使 2018 年主機板需求成長率較高。

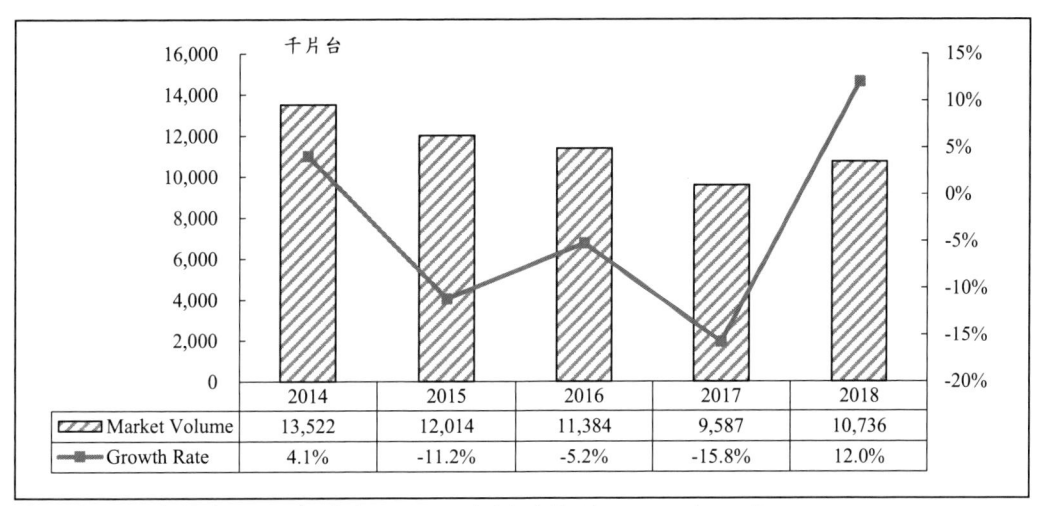

年份	2014	2015	2016	2017	2018
Market Volume	13,522	12,014	11,384	9,587	10,736
Growth Rate	4.1%	-11.2%	-5.2%	-15.8%	12.0%

資料來源：資策會 MIC 經濟部 ITIS 研究團隊整理，2019 年 7 月

圖 3-21　2014-2018 年西歐主機板市場規模

2018 年日本主機板市場出貨規模約 2,147 千片，年成長率為 -5.3%。歷經 2015、2016 年的需求大幅衰退，2017 與 2018 年需求相對穩定，主要的驅動力來自 Win 10 商用換機潮。此外，日本消費者偏好 AIO、mini PC 等產品，PC DIY 客群的持續流失也是造成主機板需求呈現負成長的因素。經濟政策方面，政府計畫於 2019 年 10 月將消費稅提升至 10%，消費者為避免購買費用增加，趕在消費稅提高前購入產品，也有助於提升近期主機板需求。

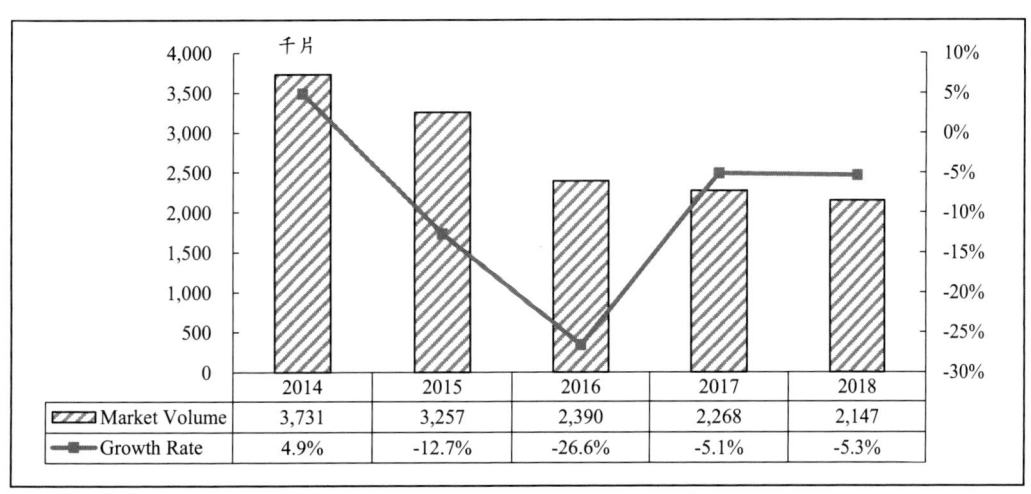

年份	2014	2015	2016	2017	2018
Market Volume	3,731	3,257	2,390	2,268	2,147
Growth Rate	4.9%	-12.7%	-26.6%	-5.1%	-5.3%

資料來源：資策會 MIC 經濟部 ITIS 研究團隊整理，2019 年 7 月

圖 3-22　2014-2018 年日本主機板市場規模

2018年亞太地區主機板市場出貨規模約55,417千片,年成長率為-0.7%。中國大陸是亞太地區最大的市場,近年主機板需求量呈現微幅下滑的趨勢。東南亞市場經濟發展仍在進步中,目前以中低階產品為主流,因此2018年的Intel CPU缺貨對此塊市場較不利,若PC DIY使用者無法購得CPU,會連帶削弱主機板需求量,但東南亞未來在商用及消費性應用都有成長潛力。

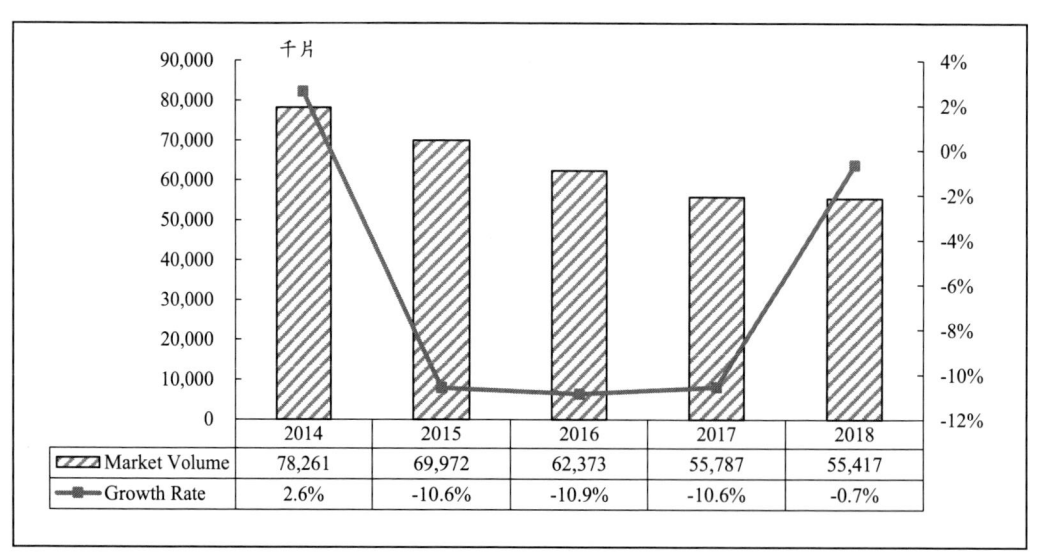

年度	2014	2015	2016	2017	2018
Market Volume	78,261	69,972	62,373	55,787	55,417
Growth Rate	2.6%	-10.6%	-10.9%	-10.6%	-0.7%

備註:統計範圍不包括日本
資料來源:資策會MIC 經濟部ITIS研究團隊整理,2019年7月

圖3-23　2014-2018年亞洲主機板市場規模

2018年其他發展中新興市場,如南美洲、中東、東歐等地區等,主機板市場出貨規模約15,439千片,年成長率為-8.7%。此區域桌上型電腦仍受消費者青睞,也面臨筆記型電腦及其他行動裝置的競爭。2018年受美國聯準會升息導致巴西、阿根廷等國經濟表現不佳,且Intel缺貨之CPU為桌機中低階CPU,是此區域需求主流,因此造成2018年主機板出貨成長率衰退。

	2014	2015	2016	2017	2018
Market Volume	23,947	21,514	18,269	16,906	15,439
Growth Rate	-1.9%	-10.2%	-15.1%	-7.5%	-8.7%

資料來源：資策會 MIC 經濟部 ITIS 研究團隊整理，2019 年 7 月

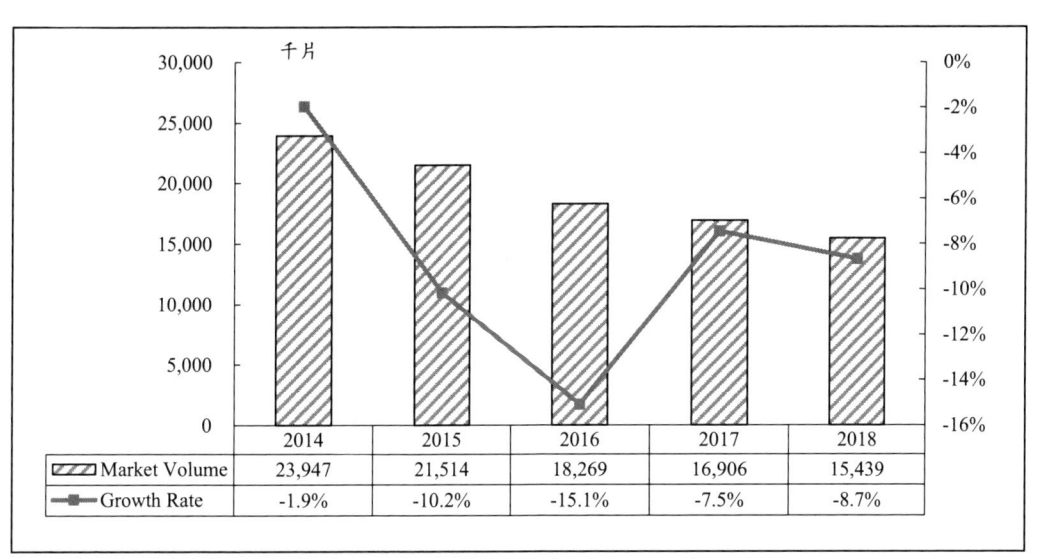

圖 3-24　2014-2018 年其他地區主機板市場規模

第四章 臺灣資訊工業個論

一、臺灣桌上型電腦市場發展現況與產業趨勢分析

（一）產量與產值分析

2018年臺灣桌上型電腦產量達49,563千台，年成長率為1.6%。上半年因Win 10商用換機潮以及4月份Intel推出數款Coffee Lake 8th處理器與晶片組，主要PC品牌廠出貨表現佳，臺灣代工業者富士康、緯創、和碩等因此受惠。下半年出現較多不利因素，首先美國於7月公布對中國大陸的懲罰性關稅清單，包含桌機與其部分零組件，臺灣業者趕在9月份10%關稅開徵前提早將商品運往美國，故第三季YoY仍為正成長。但貿易戰造成PC品牌商將第四季美國桌機新品售價調升5～10%不等，降低消費者購買意願。此外，Intel 14nm桌機中低階處理器缺貨嚴重，因大型品牌廠HP、Dell等取得處理器順位較優先，富士康、緯創、和碩等代工業者出貨能維持稍優於2017年同期的水準。至於規模較小的臺灣PC品牌宏碁、華碩等，由於處理器取得順位較後，下半年所受衝擊大，且影響延續至2019年。

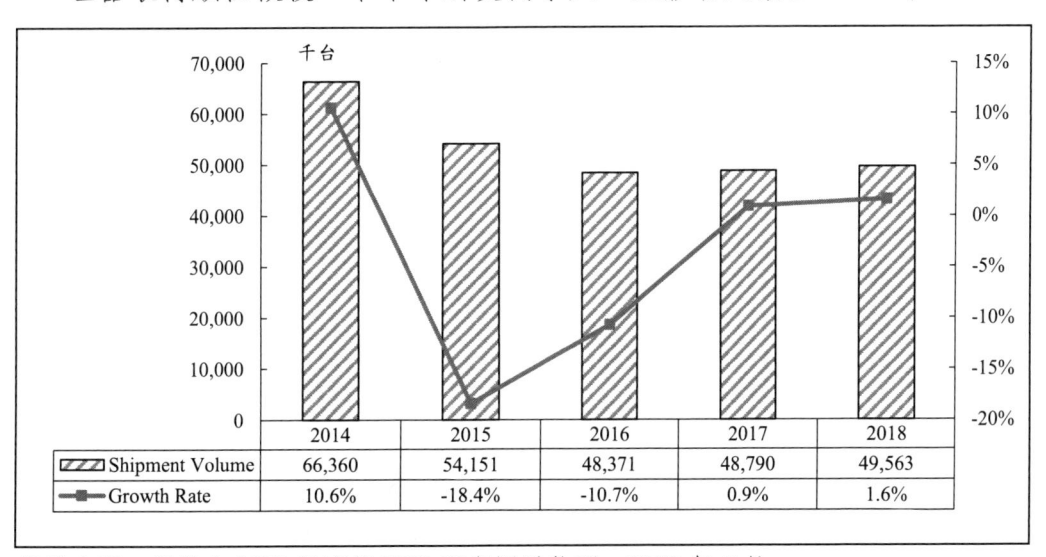

	2014	2015	2016	2017	2018
Shipment Volume	66,360	54,151	48,371	48,790	49,563
Growth Rate	10.6%	-18.4%	-10.7%	0.9%	1.6%

資料來源：資策會MIC 經濟部ITIS研究團隊整理，2019年7月

圖4-1　2014-2018年臺灣桌上型電腦產業總產量

產值方面，2018 年臺灣桌上型電腦產值約 12,962 百萬美元，年成長率約 2.8%。Win 10 商用機種出貨以及 Intel Coffee Lake 8th 處理器的新品效應，有助於拉抬 2018 年臺灣代工廠 ASP。而近年 PC 零組件價格上漲、勞工薪資成本上漲、美中貿易戰等原因，使臺灣業者製造成本提高，代工業者依據機型與 PC 品牌廠重新議價，故 2018 年之 ASP 高於 2017 年，而毛利方面則變化不大。

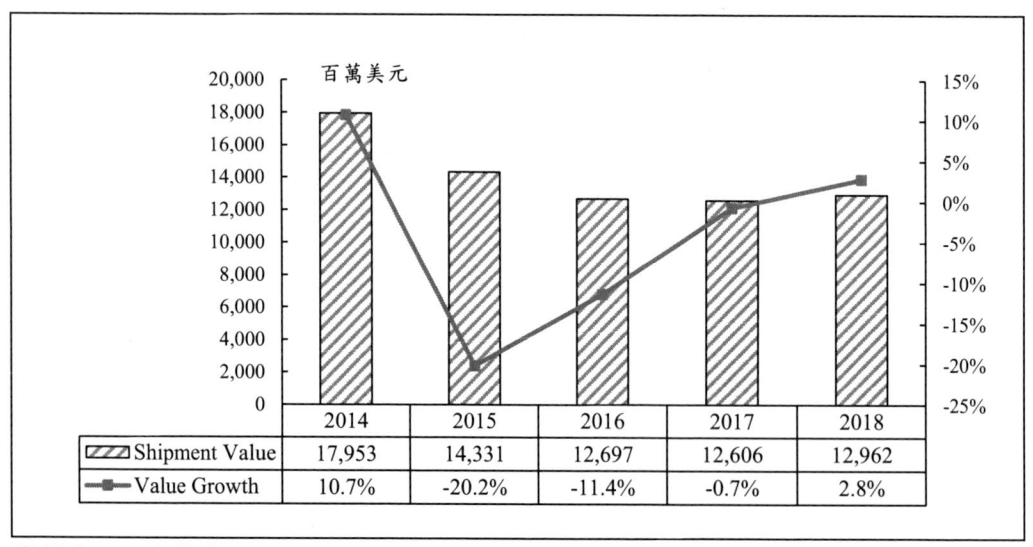

	2014	2015	2016	2017	2018
Shipment Value	17,953	14,331	12,697	12,606	12,962
Value Growth	10.7%	-20.2%	-11.4%	-0.7%	2.8%

資料來源：資策會 MIC 經濟部 ITIS 研究團隊整理，2019 年 7 月

圖 4-2　2014-2018 年臺灣桌上型電腦產業總產值

（二）業務型態分析

臺灣桌上型電腦代工業者主要客戶組成近年大致無變動，包含各大國際 PC 品牌業者如 HP、Dell、Apple 以及 Lenovo，其中聯想近年有提高自行生產，或委託中國大陸當地業者生產的比例。臺灣品牌業者代表為華碩、宏碁與微星，除商用訂單外，亦重視電競市場需求。2018 年臺灣 OEM/ODM 比例微幅上升至 97.9%，主因為 Intel CPU 缺貨，供貨優先集中於大型 PC 品牌商，導致華碩與宏碁桌機出貨不順，而微星因致力於高階電競機種，受影響程度較小。

	2014	2015	2016	2017	2018
■OBM	1.8%	1.8%	2.0%	2.4%	2.1%
□OEM/ODM	98.2%	98.2%	98.0%	97.6%	97.9%

資料來源：資策會MIC 經濟部ITIS 研究團隊整理，2019 年7 月

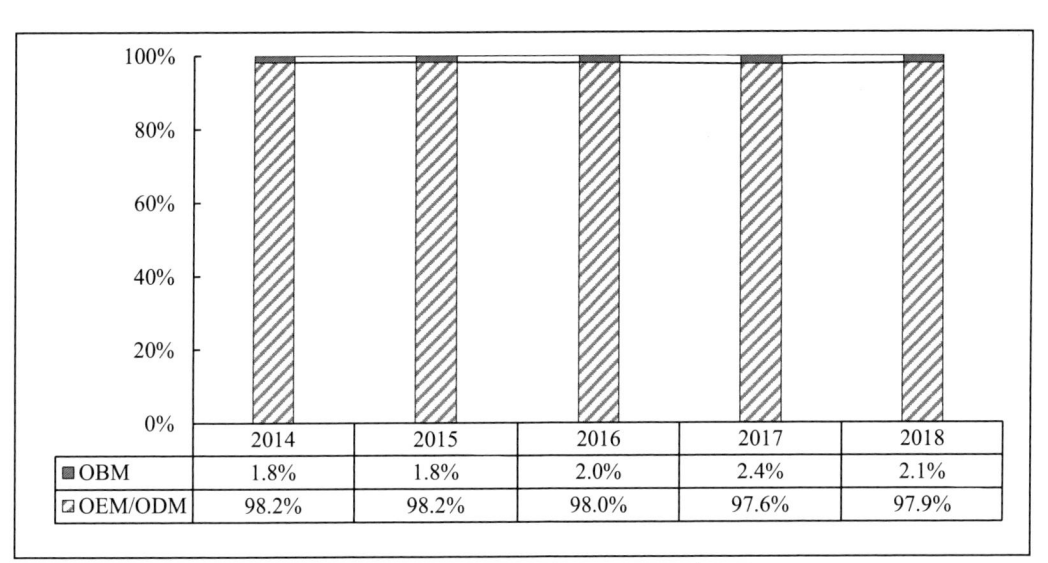

圖 4-3　2014-2018 年臺灣桌上型電腦產業業務型態別產量比重

（三）出貨地區分析

　　2018 年臺灣桌上型電腦出貨地區以中國大陸的 28.0%最多，但在中國大陸桌機市場需求趨緩以及美中貿易戰的影響下，占比較 2017 年減少。北美是臺灣桌機第二大出貨地區，2018 年除 Win 10 商用換機需求發酵，美中貿易戰也促使臺灣業者提早出貨至美國。此外，HP 與 Dell 在 Intel CPU 缺貨事件中所受影響相對其他業者小，兩者 2018 年之出貨量皆優於 2017 年，北美市場表現穩定，臺灣業者出貨微幅上升至 23.8%。亞太市場部分，東南亞桌機需求仍有成長空間，且電競風氣逐漸盛行，具發展潛力，2018 年出貨占比來到 23.4%。

	2014	2015	2016	2017	2018
Asia Pacific	22.4%	22.9%	22.9%	23.0%	23.4%
China	28.9%	28.7%	28.6%	28.4%	28.0%
Japan	2.9%	2.5%	2.6%	2.6%	2.7%
North America	23.0%	23.5%	23.0%	23.4%	23.8%
Taiwan	0.7%	0.6%	0.6%	0.6%	0.6%
W. Europe	11.3%	11.0%	11.1%	11.3%	11.6%
Rest of World	10.9%	10.8%	11.1%	10.7%	9.9%

資料來源：資策會 MIC 經濟部 ITIS 研究團隊整理，2019 年 7 月

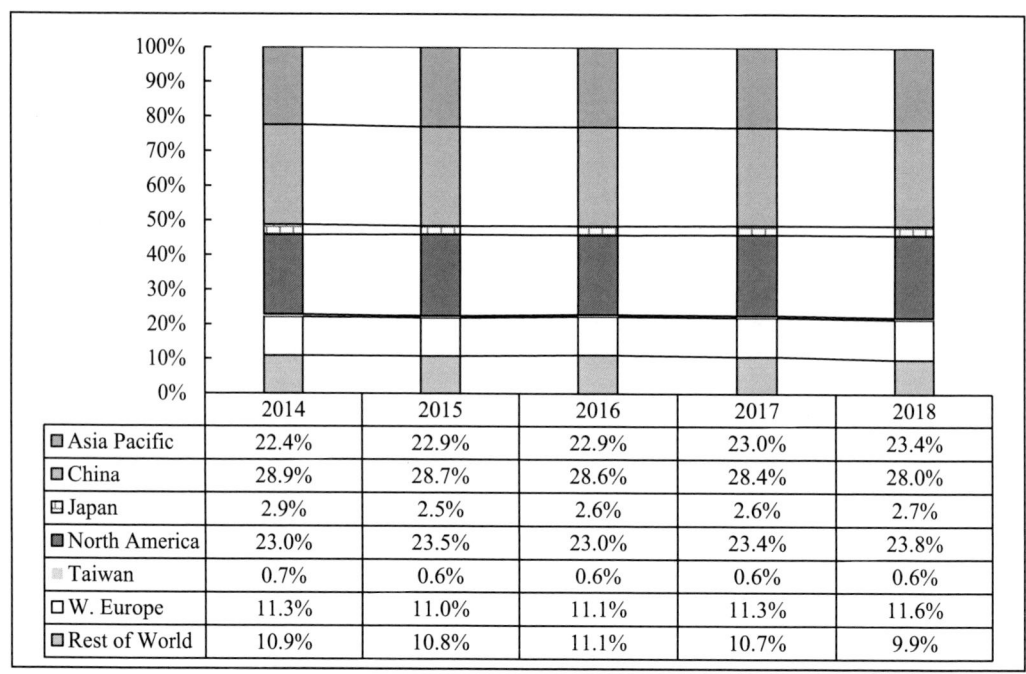

圖 4-4　2014-2018 年臺灣桌上型電腦產業業務型態別產量比重

（四）產品結構分析

Intel 近年 CPU 研發腳步放緩，2016 年起開始以「新製程－新處理器架構－優化」（Process-Architecture-Optimization）的方式延長每個製程的生命週期，但可能造成優化的產品性能與前代差異過小，無法提升買氣，例如 2017 年之 Kaby Lake 產品即有此現象。

2018 年 Intel 14nm 製程吃緊，導致 Coffee Lake 8th 中低階桌機 CPU 缺貨，在下半年尤為明顯。但桌機產品之設計在新品上市半年前就已底定，代工廠難以在中途使用其他品牌 CPU 取代，故 2018 年 Intel CPU 占比僅微幅下滑 2%。缺貨事件已促使 PC 業者思考提高 AMD CPU 的使用率，AMD 原本的優勢即在於中低階市場，且 Ryzen 系列上市後獲得市場正面迴響，估計未來 AMD CPU 市占率有緩步提升的空間。

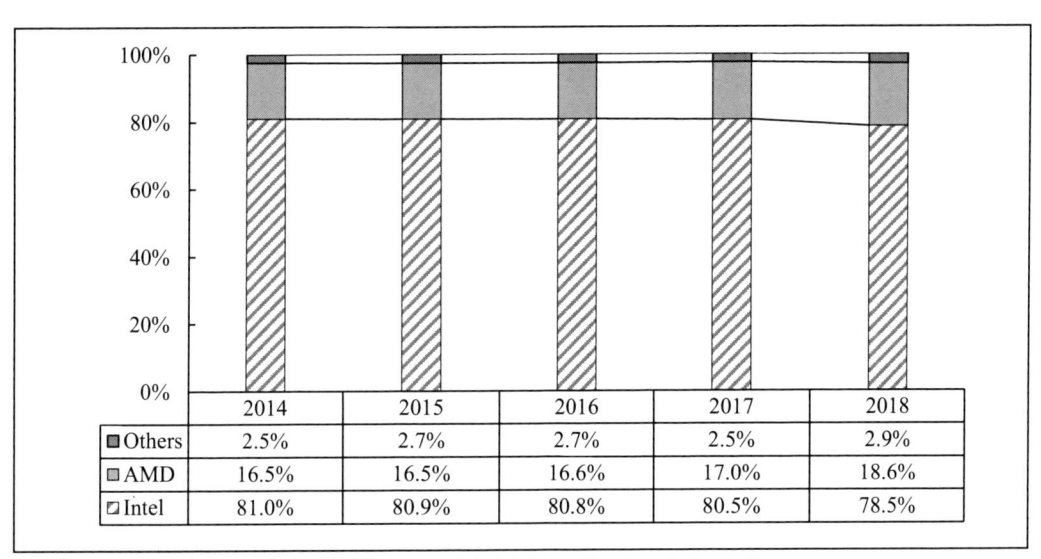

	2014	2015	2016	2017	2018
Others	2.5%	2.7%	2.7%	2.5%	2.9%
AMD	16.5%	16.5%	16.6%	17.0%	18.6%
Intel	81.0%	80.9%	80.8%	80.5%	78.5%

資料來源：資策會 MIC 經濟部 ITIS 研究團隊整理，2019 年 7 月

圖 4-5　2014-2018 年臺灣桌上型電腦產業中央處理器採用架構分析

（五）發展趨勢分析

　　桌上型電腦產品的使用者需求轉移至筆電與其他行動裝置，加上 Wintel 體系帶動的換機效應不如以往，桌機也難有促成大規模需求的新應用亮點，因此 2014 年後臺灣業者桌機出貨量衰退顯著，直到 Microsoft 宣布 2020 年 1 月停止 Win7 支援，2017 年開始桌機出貨才出現止跌跡象。

　　桌機產業發展極度成熟，參與其中的廠商呈現大者恆大的局面，近年來少有變化，惟中國大陸品牌聯想有將訂單轉移給當地業者，或是改為自行生產的現象。臺灣桌機以代工業者為主，持續以提高毛利為目標，精進高技術門檻產品的製作能力，例如：電競桌機、AIO、商用桌機等。受到 2018 年美中貿易戰衝擊，代工廠與品牌廠共商對策，展開長期性的全球布局調整，重新評估各個生產地點的分配比重，欲提升對突發事件的應變能力。

二、臺灣筆記型電腦市場發展現況與產業趨勢分析

（一）產量與產值分析

臺灣筆記型電腦產業在 2018 年全球市場出貨成長狀況下，出貨量卻衰退 4.7%，僅達 126,111 千台，主要是由於中國大陸業者 Lenovo 於 2018 年年中結束與臺灣廠商 Compal 之合作關係，Compal 將雙方合資廠商聯寶股權全部售予 Lenovo，大幅提高 Lenovo 自行製造比重而使臺灣產業占全球比重呈現下滑。

然而由於全球筆記型電腦市場仍由國際品牌業者主導，其代工製造業務則多數由臺灣廠商負責。其中，HP、Dell、Apple、Acer 和 Asus 等主要品牌業者仍是以臺灣廠商為其主要合作夥伴，並在美中貿易摩擦因素之下持續加強合作關係，使得臺灣筆記型電腦產業出貨狀況雖較全球平均表現稍弱，但仍以接近八成左右比重居全球產業之龍頭地位。

上述來自於 HP、Dell 等主要品牌業者之代工訂單主要委由 Compal、Quanta、Wistron 和 Inventec 等四大廠商製造，因此雖受到 Lenovo 提高自製比重影響，但亦讓臺灣產業集中度提高，前四大之一線業者所占出貨量比重微幅提高到 86.5%。

至於臺灣以外之筆記型電腦產業，仍以自有品牌之日本、韓國和中國大陸為主，在出貨量和產業鏈上難以挑戰目前臺灣領導地位，臺灣筆記型電腦產業將逐步降低 Lenovo 自製之負面影響，持續保持龍頭地位。

第四章　臺灣資訊工業個論

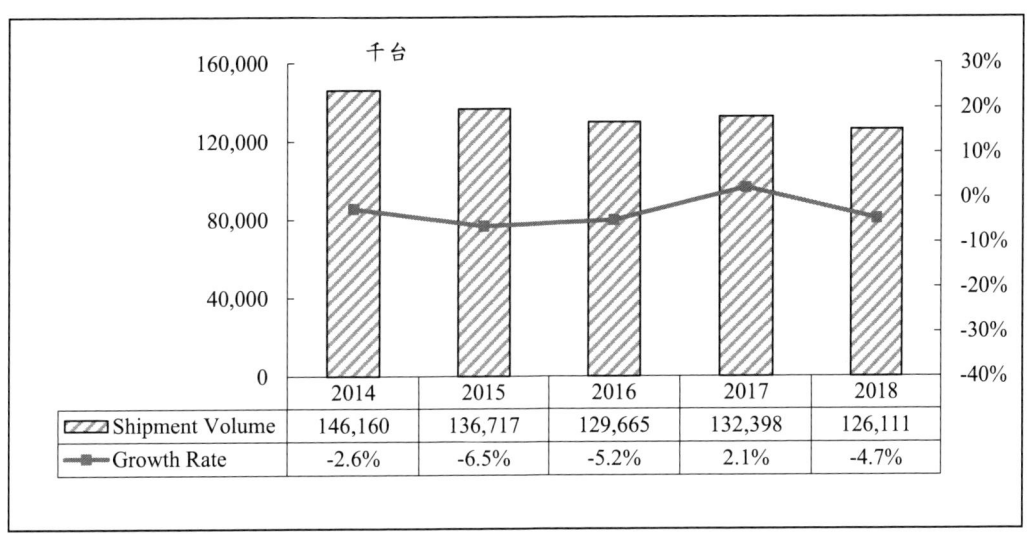

	2014	2015	2016	2017	2018
Shipment Volume	146,160	136,717	129,665	132,398	126,111
Growth Rate	-2.6%	-6.5%	-5.2%	2.1%	-4.7%

資料來源：資策會 MIC 經濟部 ITIS 研究團隊整理整理，2019 年 7 月

圖 4-6　2014-2018 年臺灣筆記型電腦產業總產量

　　而 Lenovo 代工訂單轉移雖然造成臺灣產業出貨量減少，但受到輕薄型商用和遊戲用機種的出貨比重擴大，使得筆記型電腦平均出貨價格得以維持，臺灣產值隨著出貨量而變化，小幅衰退至 56,613 百萬美元。

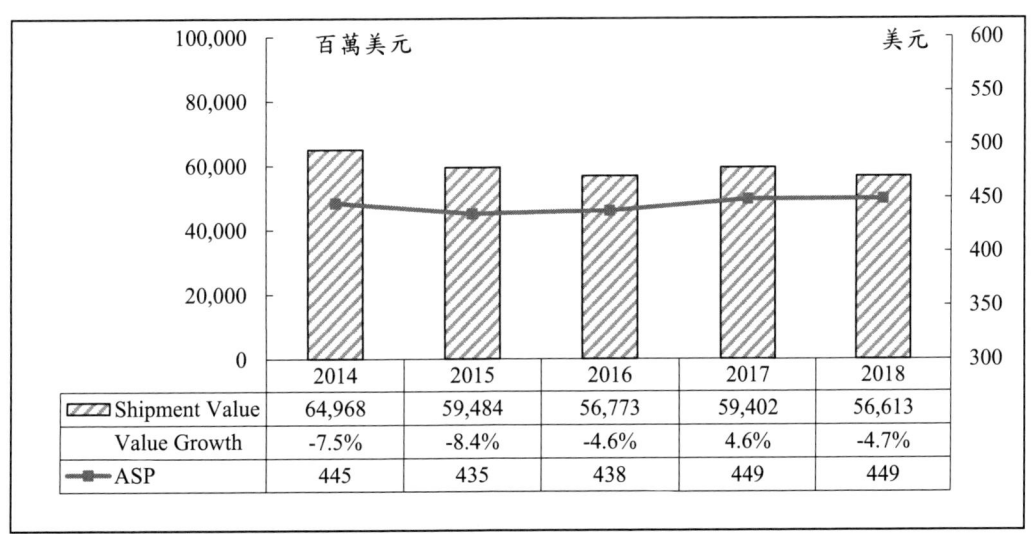

	2014	2015	2016	2017	2018
Shipment Value	64,968	59,484	56,773	59,402	56,613
Value Growth	-7.5%	-8.4%	-4.6%	4.6%	-4.7%
ASP	445	435	438	449	449

資料來源：資策會 MIC 經濟部 ITIS 研究團隊整理，2019 年 7 月

圖 4-7　2014-2018 年臺灣筆記型電腦產業總產值

（二）業務型態分析

臺灣筆記型電腦產業在業務型態比重分布上，受益遊戲用筆記型電腦市場擴大，使得自有品牌業者出貨有所成長，加上 Lenovo 委託代工訂單在 2018 年減少，兩相影響之下使得 OBM 業務比重得以微幅成長，但變動幅度不大。尤其受 Intel CPU 缺貨影響，使得 HP 和 Dell 代工訂單數量更為穩固的情況之下，臺灣產業仍是以 OEM、ODM 業務模式為大宗。

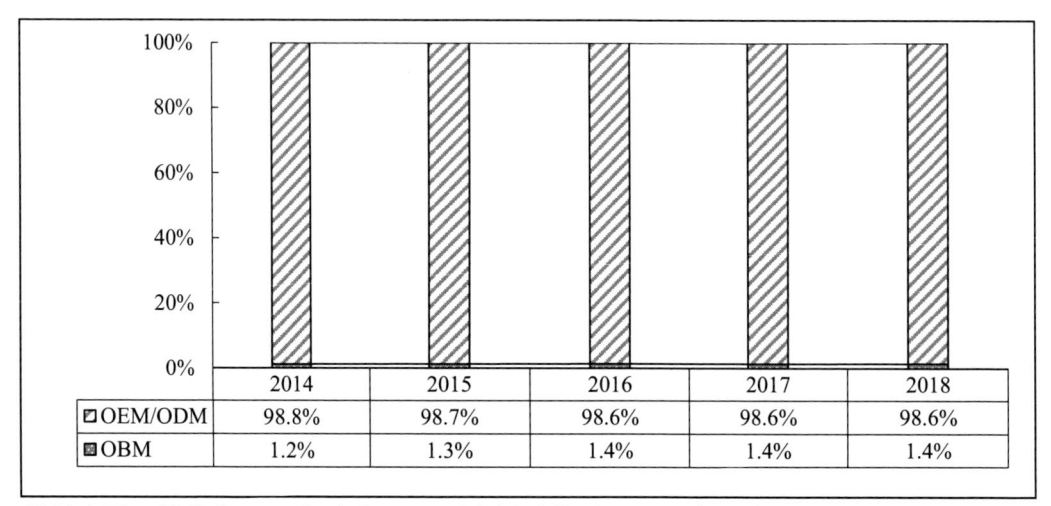

	2014	2015	2016	2017	2018
OEM/ODM	98.8%	98.7%	98.6%	98.6%	98.6%
OBM	1.2%	1.3%	1.4%	1.4%	1.4%

資料來源：資策會 MIC 經濟部 ITIS 研究團隊整理，2019 年 7 月

圖 4-8　2014-2018 年臺灣筆記型電腦產業業務型態別產量比重

（三）出貨地區分析

在筆記型電腦區域市場出貨方面，臺灣產業受益於 HP 和 Dell 在北美市場獲得較佳成長，因此相對出貨比重得以小幅成長。然而西歐市場雖然和北美市場一樣有商用換機效應，但由於臺灣品牌業者出貨衰退而 Lenovo 積極搶占市場空間，反而讓臺灣產業出貨至歐洲地區的比重出現微幅滑落。

至於仍處於成長狀態的中國大陸則由於在 2018 年受 Lenovo 提高自製比重影響，出貨比重微幅下滑，雖有臺灣主要客戶如 HP、Dell 等出貨規模亦難以彌補。至於其他市場方面，東南亞及南亞等其他市

場在 2018 年持續擴大，可望在 2019 年仰賴低階遊戲用機種進一步拓展。然而，其他新興市場或因美元匯率或經濟發展等問題，不僅在 2018 年有所衰退，2019 年恐怕亦不易成長。

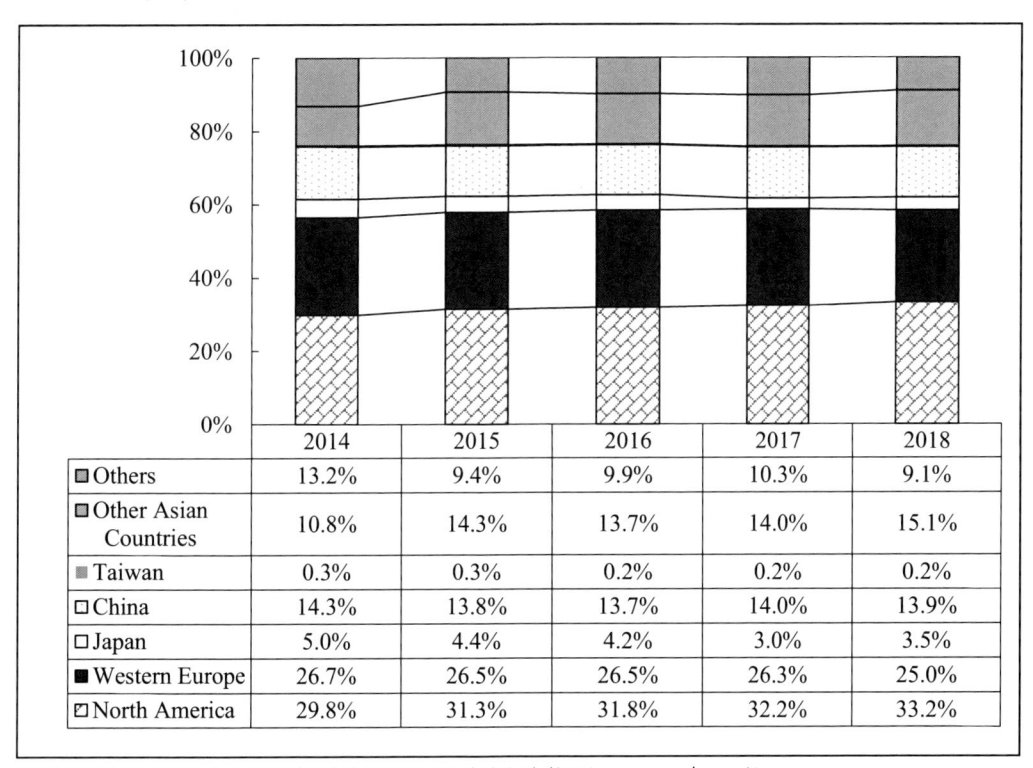

	2014	2015	2016	2017	2018
Others	13.2%	9.4%	9.9%	10.3%	9.1%
Other Asian Countries	10.8%	14.3%	13.7%	14.0%	15.1%
Taiwan	0.3%	0.3%	0.2%	0.2%	0.2%
China	14.3%	13.8%	13.7%	14.0%	13.9%
Japan	5.0%	4.4%	4.2%	3.0%	3.5%
Western Europe	26.7%	26.5%	26.5%	26.3%	25.0%
North America	29.8%	31.3%	31.8%	32.2%	33.2%

資料來源：資策會 MIC 經濟部 ITIS 研究團隊整理，2019 年 7 月

圖 4-9　2014-2018 年臺灣筆記型電腦產業銷售地區別產量比重

（四）產品結構分析

在筆記型電腦之螢幕面板尺寸規格上，輕薄和遊戲等兩大訴求仍為主要領導特色。尤其窄邊框螢幕和 SSD 固態硬碟的使用，使得筆記型電腦體積不至於擴大而能達到輕薄訴求，讓 13.x 吋產品大小和重量能與以往 12.x 吋機種相比擬而得成長。

至於遊戲用筆記型電腦螢幕則一部分配合低階訴求朝向主流規格拓展，另一部分則朝向 17.x 吋以上等更大尺寸發展以吸引遊戲玩家青睞，而有小幅成長空間。

	2014	2015	2016	2017	2018
≧17.x	5.2%	4.7%	4.3%	4.3%	5.4%
15.x	49.1%	44.8%	41.7%	42.8%	40.7%
14.x	28.2%	28.7%	28.3%	28.7%	28.3%
13.x	9.1%	12.4%	14.3%	14.2%	16.9%
12.x	1.6%	2.5%	2.6%	2.4%	3.2%
11.x	6.1%	6.7%	8.5%	7.5%	5.4%
≦10.x	0.7%	0.4%	0.3%	0.2%	0.1%

資料來源：資策會MIC經濟部ITIS研究團隊整理，2019年7月

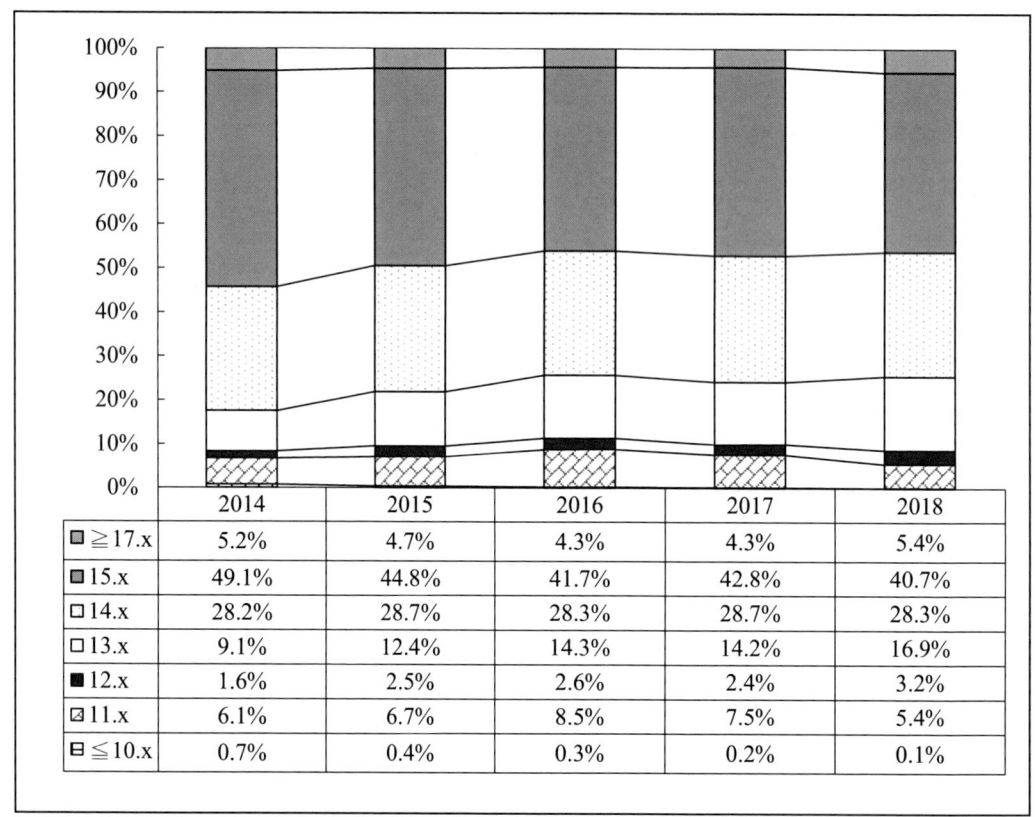

圖 4-10　2014-2018 年臺灣筆記型電腦產業尺寸別產量比重

（五）發展趨勢分析

雖則 2018 年全球筆記型電腦市場僅有微幅成長，但 Intel 卻因 CPU 製程轉換問題而出現缺貨疑慮，使得出貨比重微幅滑落 0.4%至 91.9%，亦因此助益 AMD CPU 稍微提升至 7.9%。但由於 AMD 其 CPU 出貨量成長幅度有限，再加上臺灣廠商難有研發資源大量採用 AMD，因此僅有微幅變動而難以擴大。

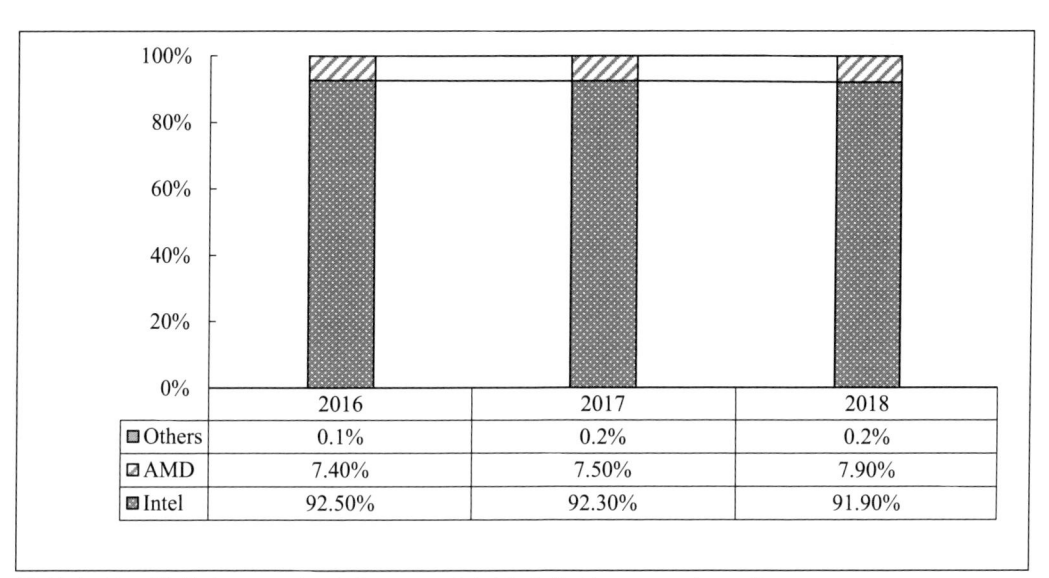

	2016	2017	2018
Others	0.1%	0.2%	0.2%
AMD	7.40%	7.50%	7.90%
Intel	92.50%	92.30%	91.90%

資料來源：資策會 MIC 經濟部 ITIS 研究團隊整理，2019 年 7 月

圖 4-11　2016-2018 年臺灣筆記型電腦產業產品平台型態

由於 NVIDIA 在 2018 年下半年僅推出 RTX 2080 Ti、2080 及 2070 等高階桌上型電腦用 GPU 新品，未在 2018 年第四季提供筆記型電腦用 GPU，因此難以刺激遊戲玩家之換機需求，對 2018 年遊戲機種助益有限。直至 2019 年第一季 NVIDIA 才推出筆記型用 GPU 及 RTX 2060 中階產品，並預期在第二季陸續推出更多訴求低階規格之 GPU 產品，然而由於市場反應普遍不佳，恐怕亦難以刺激遊戲玩家之換機意願。

再者，AMD 亦在 2019 年 1 月公布 12nm Mobile CPU 和可供 Chromebook 用之低階 Mobile CPU，並宣布將在 2019 年推出 7nm Ryzen CPU 和 Radeon GPU，皆可望協助其打開筆記型電腦市場占有率，甚至挑戰現有 Intel、NVIDIA 在 CPU、GPU 之市占率。Intel 在 CES 2019 亦宣布新款 10nm Ice Lake CPU 訊息，將延至 2019 年下半年之銷售旺季才會初次量產。

三、臺灣伺服器市場發展現況與產業趨勢分析

（一）產量與產值分析

由於伺服器客戶需求不同，臺灣伺服器代工業務也因此分成不同產品型態，大致以不同的完整度（Level）做為區隔，數值越高代表完成度越高，例如 Level 3 的主機板型態（Motherboard）、Level 6 的準系統型態（Barebone）、Level 10 的系統型態（Full Sysyem）。然而，不同廠商之間的完成度定義仍有些微差異，因此業界以兩大類型作為商業模式的差別：伺服器主機板（Motherboard）與伺服器系統及準系統（Full System & Bareboard）。

檢視臺廠伺服器出貨型態，2018 年臺灣伺服器主機板出貨占比從 2017 年的 55.1%下降至 54.5%，系統及準系統出貨占比則從 2017 年的 44.9%上升至 45.5%。

以伺服器主機板出貨而言，較 2017 年上升 4.2%，達 5,013 千片。以系統及準系統出貨而言，較 2017 年上升 6.5%，達 4,182 千台，主機板與系統及準系統均表現成長，進一步分析，主因是 Intel 新平台 Purley 的換機效應仍然持續，加上資料中心大幅擴建拉貨助益我國伺服器出貨表現。

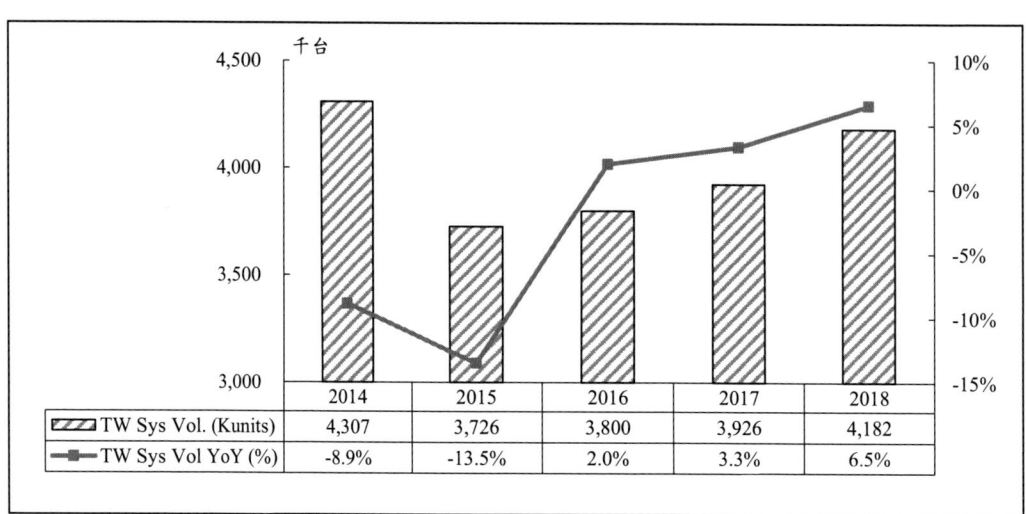

	2014	2015	2016	2017	2018
TW Sys Vol. (Kunits)	4,307	3,726	3,800	3,926	4,182
TW Sys Vol YoY (%)	-8.9%	-13.5%	2.0%	3.3%	6.5%

備註：系統產品包含全系統和準系統產品出貨形式
資料來源：資策會 MIC 經濟部 ITIS 研究團隊整理，2019 年 7 月

圖 4-12　2014-2018 年臺灣伺服器系統出貨量

	2014	2015	2016	2017	2018
TW MB Vol. (Kunits)	3,798	4,403	4,504	4,810	5,013
TW MB Vol YoY (%)	12.7%	15.9%	2.3%	2.1%	4.2%

資料來源:資策會 MIC 經濟部 ITIS 研究團隊整理,2019 年 7 月

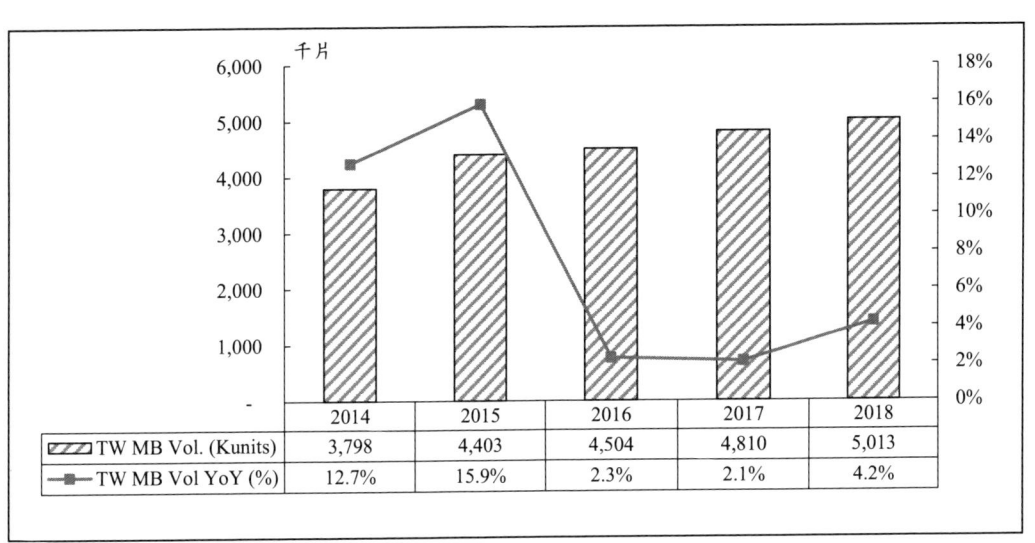

圖 4-13　2014-2018 年臺灣伺服器主機板出貨量

　　檢視臺廠伺服器產值狀態,由於資料中心客戶比重上升,而資料中心的伺服器訂單多以整機櫃的系統型台為主,且採購高階的關鍵零組件,因此 2018 年系統與準系統之平均單價提升了 6.0%,達到 2,436 美元,此外,雖然主機板之平均單價維持,然而 2018 年主機板出貨量相較上年成長,因此產值提升至 1,706 百萬美元,年成長率 11.4%,系統與準系統之產值年成長率為 12.1%,達到 10,186 百萬美元。

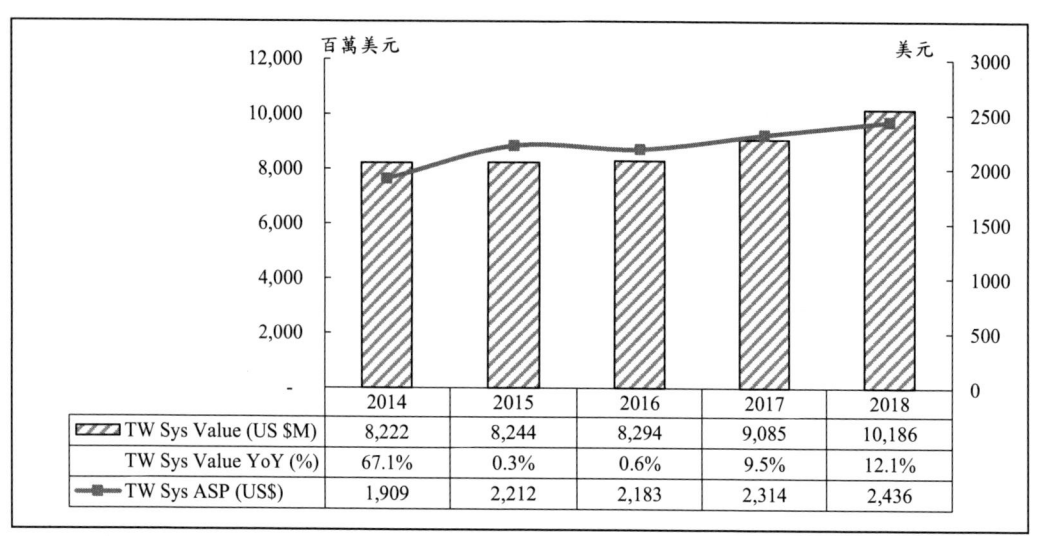

	2014	2015	2016	2017	2018
TW Sys Value (US $M)	8,222	8,244	8,294	9,085	10,186
TW Sys Value YoY (%)	67.1%	0.3%	0.6%	9.5%	12.1%
TW Sys ASP (US$)	1,909	2,212	2,183	2,314	2,436

註1：系統產品包含全系統和準系統產品出貨形式
註2：2014產值調整之原因，基於系統與主機板單價下滑幅度比先前計算高所致
資料來源：資策會MIC 經濟部ITIS 研究團隊整理，2019年7月

圖 4-14　2014-2018 年臺灣伺服器系統產值與平均出貨價格

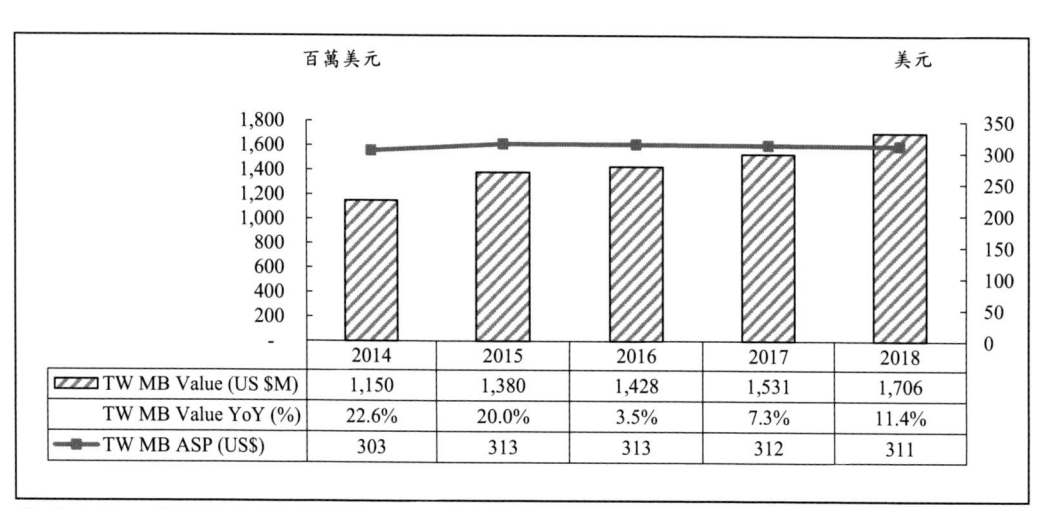

	2014	2015	2016	2017	2018
TW MB Value (US $M)	1,150	1,380	1,428	1,531	1,706
TW MB Value YoY (%)	22.6%	20.0%	3.5%	7.3%	11.4%
TW MB ASP (US$)	303	313	313	312	311

資料來源：資策會MIC 經濟部ITIS 研究團隊整理，2019年7月

圖 4-15　2014-2018 年臺灣伺服器主機板產值與平均出貨價格

（二）業務型態分析

　　檢視臺廠伺服器業務型態，臺灣伺服器產業依據客戶族群，可概分為兩大類型，一為協助國際品牌大廠代工的業者，例如 HP、Dell EMC、Lenovo、IBM 等，臺灣代工廠主要有鴻海、英業達、緯創、廣達、神達，另一則與網際網路服務業者（ISP）合作生產專屬客製化伺服器，以白牌或自有品牌模式出貨資料中心之業者，例如 AWS、Azure、GCP 等，臺灣代工廠主要有雲達、緯穎、泰安等。

　　2018 年由於資料中心仍快速擴建於全球重要地區，相較國際品牌的拉貨力道更強，也因此吸引更多臺灣代工廠加入，從 2017 年的 30%成長至 2018 年的 31.2%，也導致過往主流的品牌代工從 2017 年的 70%下降至 68.8%。值得注意的是，正是因為資料中心客戶拉貨力道強勁，也因此吸引越來越多業者希望搶下此塊商機，可能會有越來越激烈的價格戰產生，這將影響過往亮眼的獲利表現。此外，資料中心擴建速度一旦放緩，估計將帶給客戶組成較為單純的臺廠帶來衝擊，值得進一步觀察。

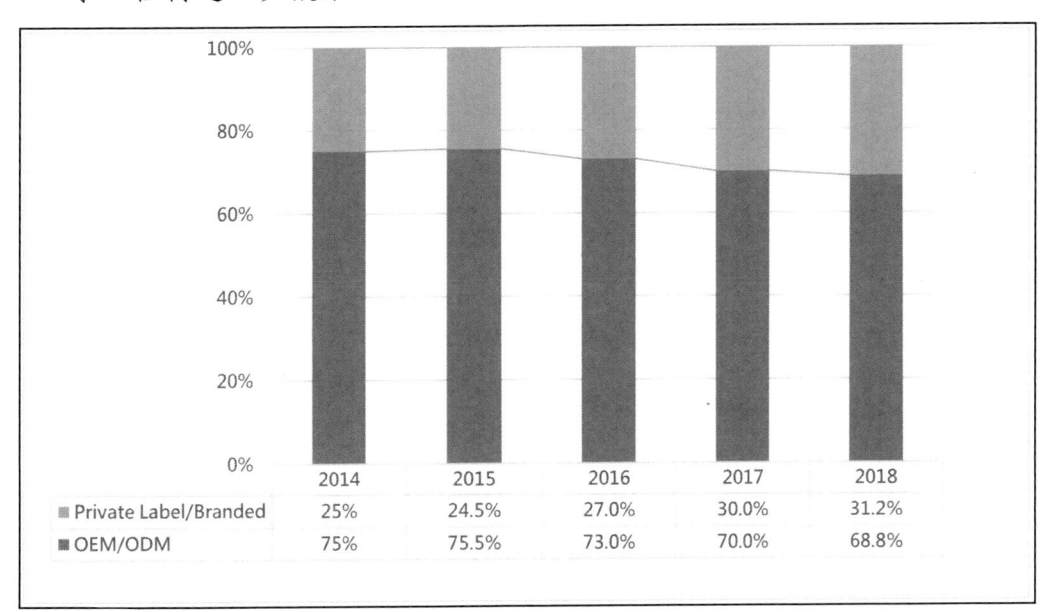

	2014	2015	2016	2017	2018
Private Label/Branded	25%	24.5%	27.0%	30.0%	31.2%
OEM/ODM	75%	75.5%	73.0%	70.0%	68.8%

資料來源：資策會 MIC 經濟部 ITIS 研究團隊整理，2019 年 7 月

圖 4-16　2014-2018 年臺灣伺服器系統業務型態別產量比重

（三）出貨地區分析

檢視臺廠伺服器出貨地區型態，由於產品型態特點的關係，伺服器的製造生產流程大多是由中國大陸製造生產主機板或準系統後，寄送至主要市場附近關鍵集結地組裝為系統型態後出貨，關鍵集結地例如北美市場的墨西哥、歐洲市場的捷克等。然而，由於中美貿易摩擦與美超微的間諜晶片事件，導致北美市場客戶快速拉貨，因此從2017年的33.8%提升至34.2%。另一方面，中國大陸受到中美貿易摩擦的影響導致整體經濟受到衝擊，也導致中國大陸伺服器客戶採購趨向保守，導致中國大陸出貨占比從2017年的17.3%下降到16.4%。

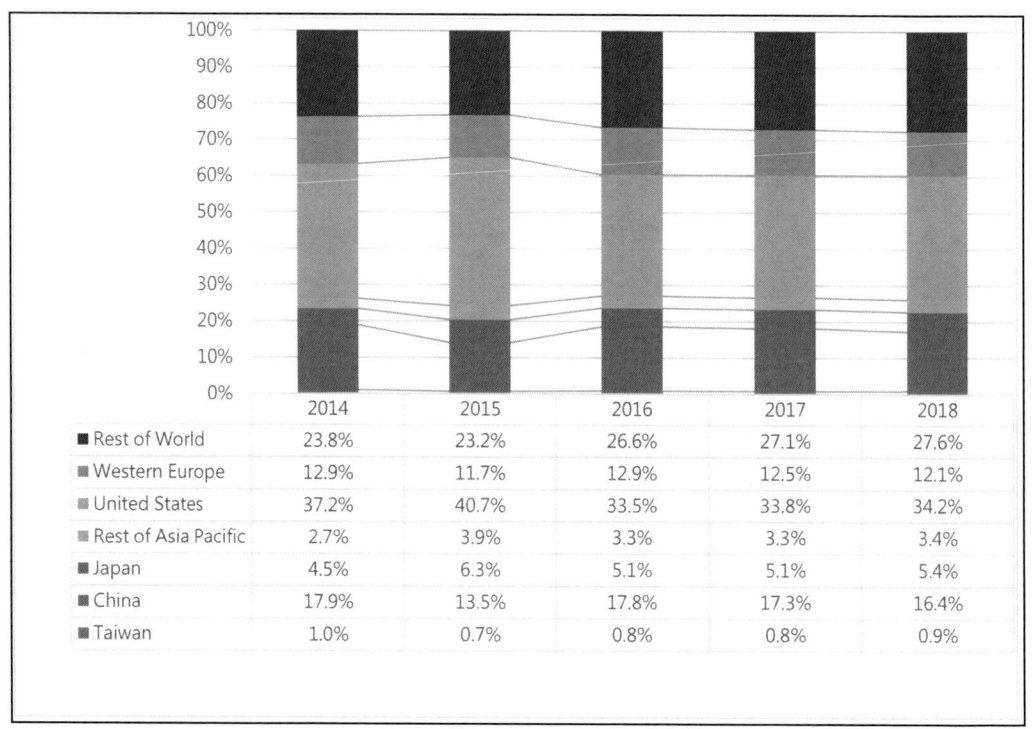

	2014	2015	2016	2017	2018
Rest of World	23.8%	23.2%	26.6%	27.1%	27.6%
Western Europe	12.9%	11.7%	12.9%	12.5%	12.1%
United States	37.2%	40.7%	33.5%	33.8%	34.2%
Rest of Asia Pacific	2.7%	3.9%	3.3%	3.3%	3.4%
Japan	4.5%	6.3%	5.1%	5.1%	5.4%
China	17.9%	13.5%	17.8%	17.3%	16.4%
Taiwan	1.0%	0.7%	0.8%	0.8%	0.9%

註：系統產品包含全系統和準系統產品出貨形式
資料來源：資策會MIC 經濟部ITIS 研究團隊整理，2019年7月

圖4-17　2014-2018年臺灣伺服器系統銷售區域比重

（四）產品結構分析

檢視臺廠伺服器產品結構型態，2018年以2U與1U機架式（Rack）為主流，市場占有率分別為36%與29.6%。其餘類型依序為刀鋒式（Blade）的17.5%、大於2U機器式（Other Rack）為10.1%、塔式（Tower）為6.9%。相較2017年整體占比差異不大，主要具體差別在於大於2U機器式占比的提升，原因是融合式系統的伺服器產品型態越來越受到重視，也就是整合伺服器、網路、儲存等硬體搭配虛擬化軟體平台後，融合運算、儲存、網路的伺服器新產品設計。

大致上融合式系統有整合基礎設施與認證參考系統（Integrated Infrastructure and Certified Reference Systems）、整合式平台（Integrated Platforms）、超融合系統（Hyperconverged Systems）共三種。區別在於整合程度與組成型態：整合基礎設施與認證參考系統的各項元件由不同供應商提供；整合式平台的所有元件則是由同一家廠商提供；超融合系統是以單一且相同的伺服器構成的叢集所構成。

由於融合式系統結合了軟體定義儲存、分散式儲存叢集、虛擬化平台等重點伺服器市場需求，因此正逐漸成為2018年的主流伺服器解決方案。對於未來多元情境的雲端產業而言，融合式系統所帶來的效益將更明顯，例如軟體定義化、叢集化、運算與儲存合併、對稱的擴充能力等。

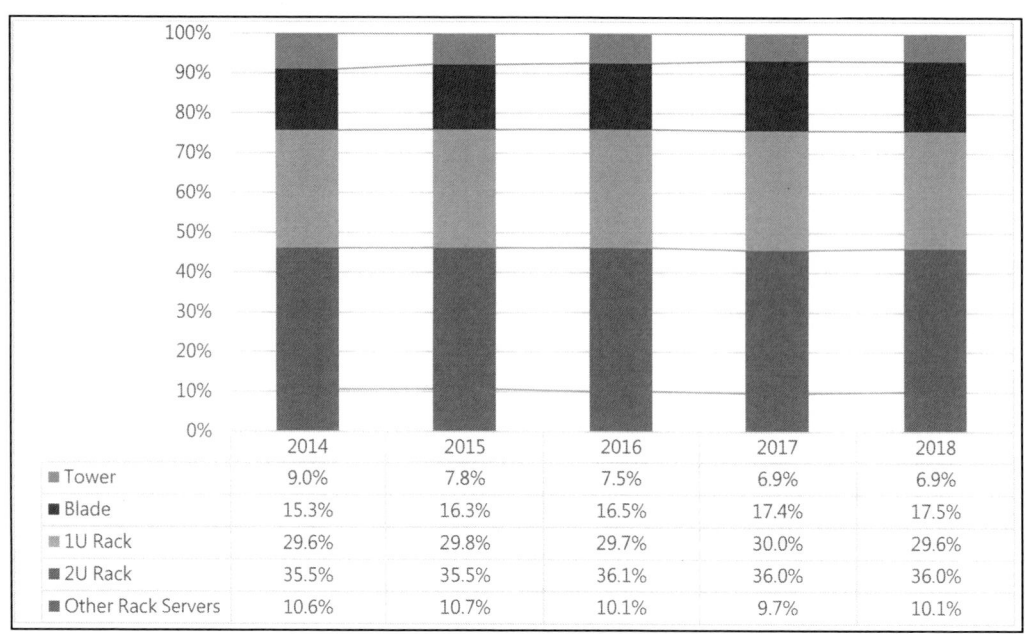

	2014	2015	2016	2017	2018
Tower	9.0%	7.8%	7.5%	6.9%	6.9%
Blade	15.3%	16.3%	16.5%	17.4%	17.5%
1U Rack	29.6%	29.8%	29.7%	30.0%	29.6%
2U Rack	35.5%	35.5%	36.1%	36.0%	36.0%
Other Rack Servers	10.6%	10.7%	10.1%	9.7%	10.1%

備註：系統產品包含全系統和準系統產品出貨形式
資料來源：資策會 MIC 經濟部 ITIS 研究團隊整理，2019 年 7 月

圖 4-18　2014-2018 年臺灣伺服器系統外觀形式出貨分析

（五）發展趨勢分析

2018 年伺服器大廠皆積極併購開源（Open Source）相關廠商以提高品牌影響力，例如 Microsoft 以 75 億美元收購軟體原始碼開源代管服務平台 GitHub，之後將 GitHub 逐步與 Microsoft 原先服務整合，以此增加旗下雲端服務平台 Azure 對於開發者的吸引力，而 GitHub 財報也將歸屬於智慧雲端部門之下。無獨有偶，IBM 以 340 億美元收購 Linux 開源套件開發商 redhat，為公司成立 107 年來最大規模併購案，也是美國科技業史上第 3 大規模的收購行動，一舉成為世界關鍵的混合雲供應商之一，同步提供公有雲與私有雲服務。

以上 2 大併購行動的共同瞄準點在於背後的開源立場，而開源立場代表的是共享原則，而共享原則將是迅速吸引資訊與人才的最佳捷徑。不論伺服器大廠針對的市場為何，開源都將逐漸成為未來軟體與系統的布局前提。值得觀察的是，開源所伴隨的群聚經濟效應，

或將成為未來臺灣伺服器自有品牌商參考的投資方向之一，打造出更具獨家特色的服務吸引客戶。

四、臺灣主機板市場發展現況與產業趨勢分析

（一）產量與產值分析

2018 年臺灣主機板產量達 82,419 千片，年成長率為-10.6%。臺灣主機板業者包含 PC 代工廠商與純主機板品牌商，以 PC 代工業者之出貨量較多。2018 年帶動主機板出貨的因素主要為 Win 10 商用換機潮，另外，4 月份推出多款 Coffee Lake 8th CPU，較上一代 Kaby Lake CPU 效能進步顯著，有助提升消費者購買新主機板意願，惟 Intel CPU 下半年嚴重缺貨，對純主機板影響尤其顯著。除去 Intel CPU 缺貨事件，尚有其他不利主機板出貨之因素。首先，2018 年虛擬貨幣挖礦退燒，且 ASIC 礦機成為大型礦場主流，主機板需求隨之減少。此外，電競玩家引頸期盼 NVIDIA 推出新顯示卡，但 Turing 架構顯示卡於 9 月份陸續上市，發行的款式屬高階產品，加上初期發貨量少，對主機板銷量影響小。

產值方面，2018 年初為因應電容及印刷電路板等零組件漲價，以及人事費用上升等問題，臺灣主機板品牌商陸續調整售價反映成本，上漲幅度約 3～5%不等。下半年美中貿易戰懲罰性關稅擴及至桌機、主機板以及其他相關零組件，使主機板業者再度調升美國主機板售價。此外，主機板整體銷售量持續下滑，業者致力提升產品毛利，電競領域仍備受關注。2018 年臺灣主機板產值為 3,934 百萬美元，年成長率-8.0%。

	2014	2015	2016	2017	2018
出貨量(含系統型式)	121,793	105,707	96,005	92,162	82,419
出貨量(純主機板)	55,433	51,556	47,634	43,372	32,856
出貨量成長率(含系統型式)	5.3%	-13.2%	-9.2%	-4.0%	-10.6%
出貨量成長率(純主機板)	-0.5%	-7.0%	-7.6%	-8.9%	-24.2%

資料來源：資策會 MIC 經濟部 ITIS 研究團隊整理，2019 年 7 月

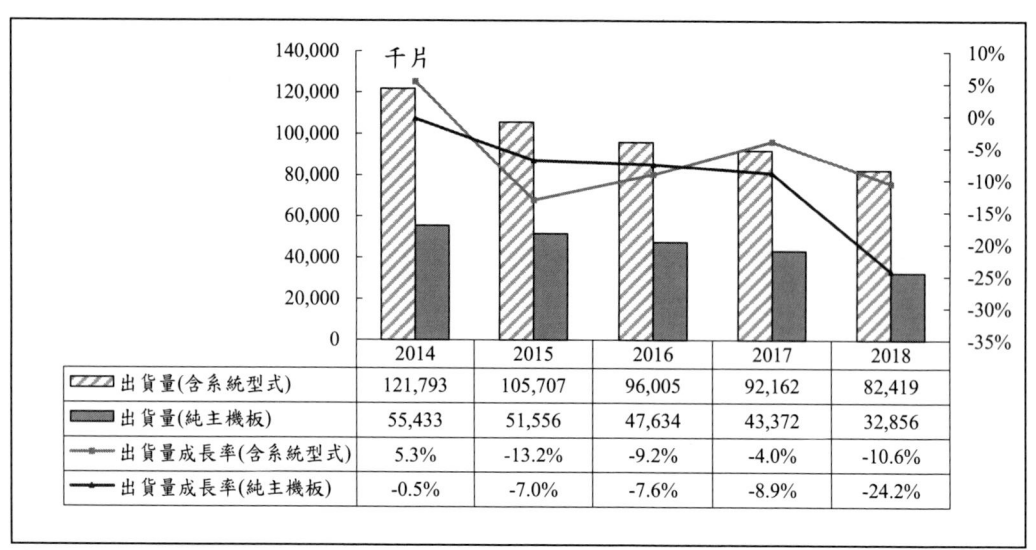

圖 4-19　2014-2018 年臺灣主機板產業總產量

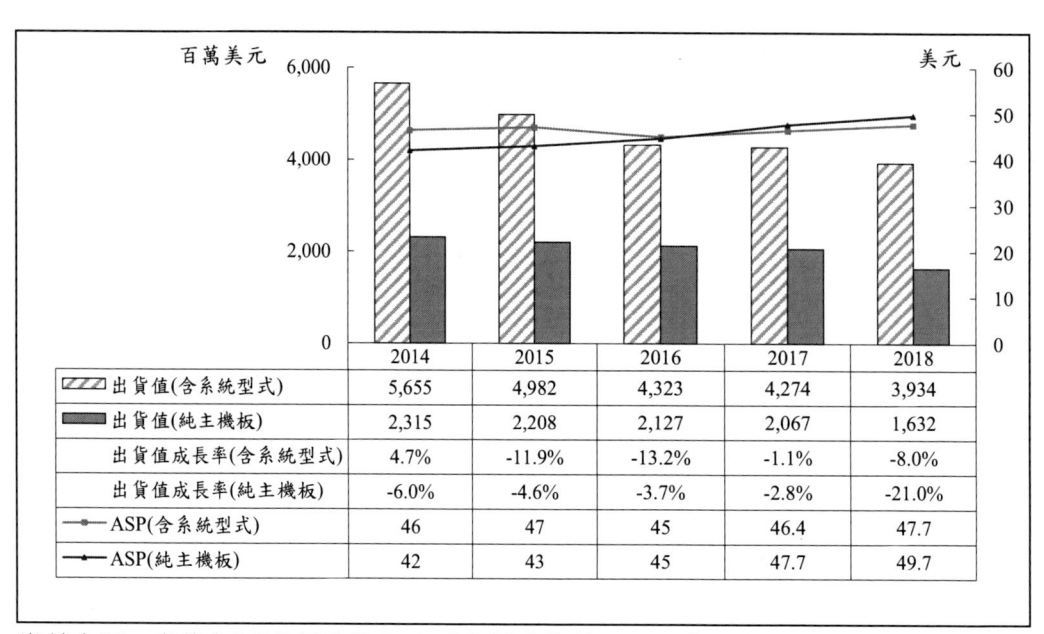

	2014	2015	2016	2017	2018
出貨值(含系統型式)	5,655	4,982	4,323	4,274	3,934
出貨值(純主機板)	2,315	2,208	2,127	2,067	1,632
出貨值成長率(含系統型式)	4.7%	-11.9%	-13.2%	-1.1%	-8.0%
出貨值成長率(純主機板)	-6.0%	-4.6%	-3.7%	-2.8%	-21.0%
ASP(含系統型式)	46	47	45	46.4	47.7
ASP(純主機板)	42	43	45	47.7	49.7

資料來源：資策會 MIC 經濟部 ITIS 研究團隊整理，2019 年 7 月

圖 4-20　2014-2018 年臺灣主機板產業產值與平均出貨價格

（二）業務型態分析

針對本身具備產能之臺灣主機板業者進行統計，OEM／ODM 為最主要的業務型態，2018 年比重達 73.9%，較 2017 年微幅增加。Intel CPU 缺貨事件中，大型 PC 品牌商可優先取得貨源，即使 CPU 需求缺口未被滿足，OEM／ODM 業者出貨量仍多於 2017 年。臺灣部分業者經營自有品牌，如技嘉、微星等，品牌及研發能力皆有不錯的基礎，電競是近年備受重視的目標，當年度有無遊戲大作，以及顯示卡、處理器的平台更新對品牌商有重要影響。

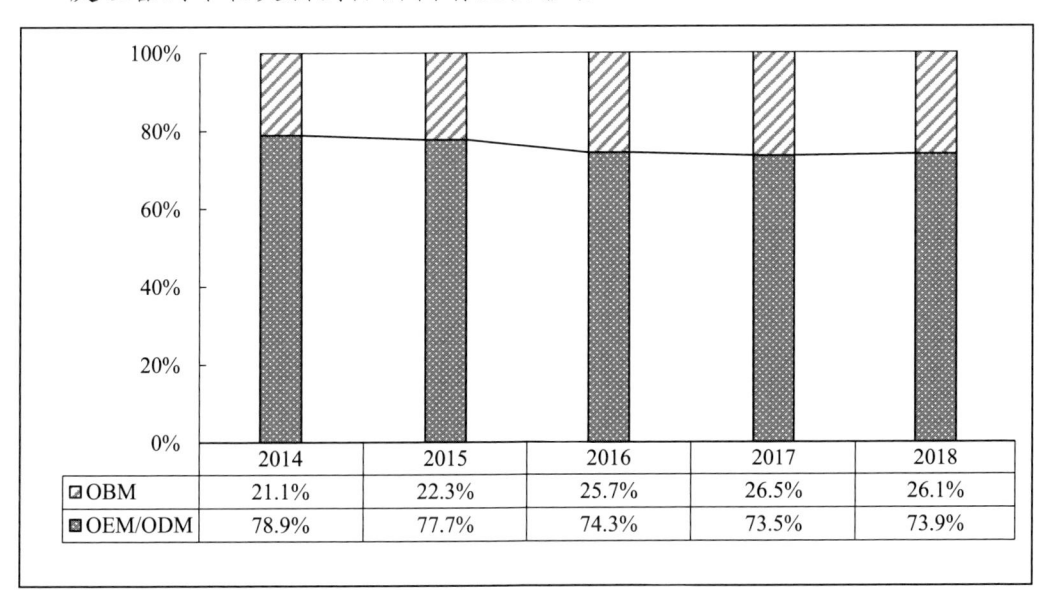

	2014	2015	2016	2017	2018
OBM	21.1%	22.3%	25.7%	26.5%	26.1%
OEM/ODM	78.9%	77.7%	74.3%	73.5%	73.9%

資料來源：資策會 MIC 經濟部 ITIS 研究團隊整理，2019 年 7 月

圖 4-21　2014-2018 年臺灣主機板產業業務型態

（三）出貨地區分析

中國大陸為臺灣主機板業者最主要出貨地區，2018 年占比為 32%，近年中國大陸的桌機需求已放緩，主機板需求隨之變化。此外，隨著線上購物人口持續增加，中國大陸當地品牌亦有機會透過線上商城爭取消費者，例如中國大陸主機板業者七彩虹集團（CFG），與京東電商平台合作販售產品，藉此建立品牌形象並有效追蹤消費者偏好。臺灣廠商與中國大陸通路商多年來的合作關係仍穩固，通路為

主機板產業重要成功要素,臺灣業者未來需密切因應消費習慣之變化。亞太地區的出貨占比近年有微幅上升的跡象,除了受到電競需求帶動外,消費者為節省花費仍可能繼續 DIY 桌機,2018 年亞太地區出貨來到 21.3%。北美為臺灣主機板第三大出貨地點,主因為 Win 10 商用換機潮,加上 9 月份中國大陸進口之主機板需酌收 10%關稅,使得臺灣廠商提前出貨備戰,因此 2018 年出貨量上升。

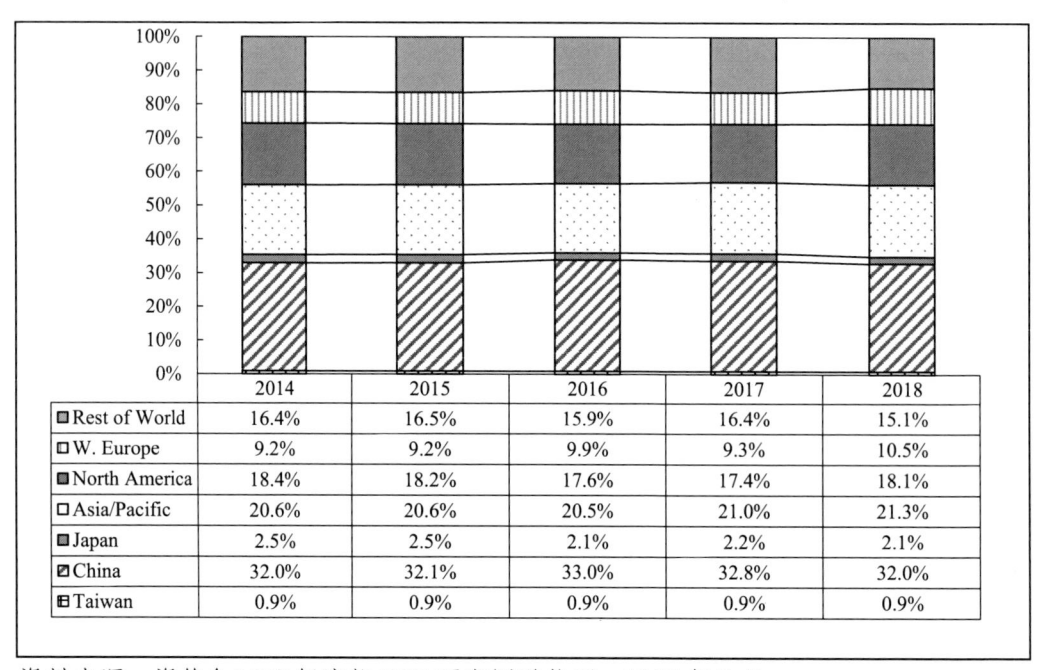

	2014	2015	2016	2017	2018
Rest of World	16.4%	16.5%	15.9%	16.4%	15.1%
W. Europe	9.2%	9.2%	9.9%	9.3%	10.5%
North America	18.4%	18.2%	17.6%	17.4%	18.1%
Asia/Pacific	20.6%	20.6%	20.5%	21.0%	21.3%
Japan	2.5%	2.5%	2.1%	2.2%	2.1%
China	32.0%	32.1%	33.0%	32.8%	32.0%
Taiwan	0.9%	0.9%	0.9%	0.9%	0.9%

資料來源:資策會 MIC 經濟部 ITIS 研究團隊整理,2019 年 7 月

圖 4-22　2014-2018 年臺灣主機板產業出貨地區別產量比重

(四)產品結構分析

　　2018 年 Intel 14nm 製程嚴重吃緊,不僅影響代工廠出貨,對主機板品牌廠衝擊更明顯,為降低 Intel CPU 缺貨的衝擊,品牌廠推出不少搭配 AMD CPU 的主機板,且 4 月份 AMD 推出數款 CPU 新品,包含高階處理器 Ryzen 7 2700X、Ryzen 7 2700;中階處理器 Ryzen 5 2600X、Ryzen 5 2600,無法購得 Intel CPU 之 PC DIY 愛好者可能轉而購買 AMD,帶動 AMD CPU 的市占率提升,臺灣業者的 AMD 主機板出貨量也提升至 24.0%。

	2014	2015	2016	2017	2018
Others	1.3%	1.2%	1.2%	1.1%	1.2%
AMD	18.7%	17.8%	17.8%	18.8%	24.0%
Intel	80.0%	81.0%	81.0%	80.1%	74.8%

資料來源：資策會 MIC 經濟部 ITIS 研究團隊整理，2019 年 7 月

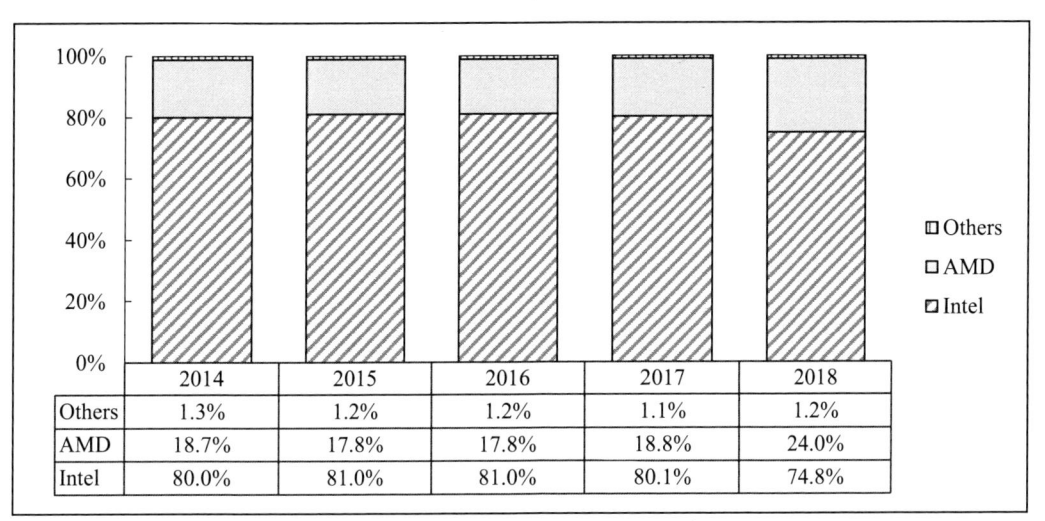

圖 4-23　2014-2018 年臺灣主機板產業處理器採用架構分析

（五）發展趨勢分析

　　消費者偏好轉向筆電與行動裝置，桌機衰退趨勢明顯，與之相關的主機板，在缺乏重大議題驅動需求的情況下，預期衰退仍會持續。半系統及全系統主機板主要受到商用需求驅動，但 Windows 新作業系統和 Intel 平台更新帶動的出貨量不如以往，故此部分出貨量難有大幅增加空間。相較於半系統及全系統主機板，純主機板出貨衰退幅度更大，主要原因在於 PC DIY 需求減少，而電競、虛擬貨幣挖礦等應用屬於利基市場，需求量不如商用訂單來的大，且風潮較難以預測，例如 2017 年紅極一時的挖礦潮在 2018 年快速退燒，擁有多顯示卡插槽的挖礦專用主機板較難有其他用途。至於電競部分，NVIDIA 顯示卡更新是電競市場關注重點，另外有無硬體效能要求高的爆紅遊戲大作發行，對品牌商同樣有重要影響。

第五章 焦點議題探討

　　本章新興議題主要探討資訊工業於 2018 年發展之重要議題，受到數位匯流、物聯網、大數據應用等趨勢影響，資訊產業的發展與時俱進；而受惠於相關通訊技術的精進、零組件微型化及相關感測技術日益精進，近年已見相關應用持續出現，也成為引領資訊產業相關業者轉型的重要動能。

　　本章將針對資訊產業發展趨勢下之重要議題進行探討。包括智慧語音、智慧車、智慧晶片、智慧製造等新興議題，以協助政府與業者掌握未來可能影響資訊工業發展之關鍵因素。

一、AI語音技術供應商策略方向探討

（一）AI 語音科技產業版圖移動

1. AI 語音助理大廠自擁平台意圖明確

　　受到 Amazon Alexa 於美國智慧家庭市場成功落地的鼓舞，Google、Apple、Microsoft、Samsung 等資訊科技巨擘紛紛跟進，加碼資源優化自家 AI 語音助理軟體；更有不少後進業者斥資打造 AI 語音助理平台與生態系，如：陸商百度、小米科技、阿里巴巴、京東、騰訊等；韓系大廠亦沒缺席，如：SK Telecom、Korea Telecom、Kakao 等，而通訊軟體業者 LINE 也與韓國知名搜尋引擎平台業者 Naver 合作，研發 AI 語音助理平台 Clova。

　　眾多資訊業者搶攻語音助理平台角色，事實上並不意外。語音互動介面乃大勢所趨，而 AI 語音助理平台位居生態系「樞紐」大位，串連智慧家庭裝置/家電、個人用智慧裝置、智慧車、第三方服務業者等各方業者。意味著在語音數據時代，勝出的 AI 語音助理平台業

者，將成為數以萬計智慧終端產品的中心點；更不用說，龐大語音數據背後潛藏的價值，及應用潛力充滿諸多想像空間。

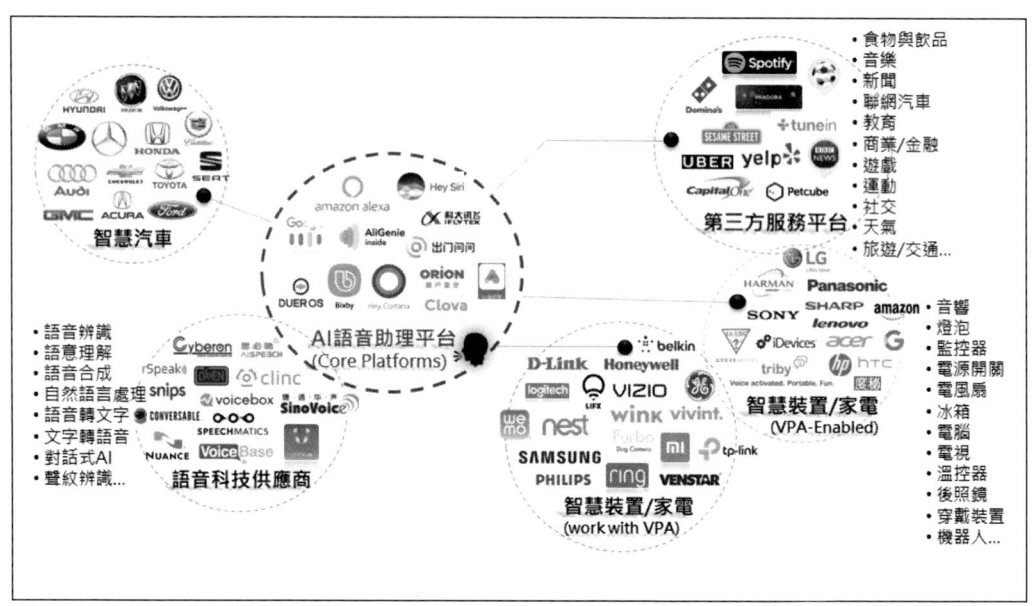

備註：僅羅列當前主要廠商
資料來源：資策會MIC經濟部ITIS研究團隊整理，2019年7月

圖5-1　AI語音助理生態系示意圖

　　為求突圍，各平台大廠不惜重金挖角AI語音技術人才，更不斷透過購併、合作或轉投資等方式，確保掌握核心技術。單就購併活動而言，Amazon前後購併Yap、Evi、Invona Software等公司，取得語音轉文字、文字轉語音等技術；Google購併了DNNresearch、Wavii、DeepMind、Mobvoi等公司，取得機器學習技術、進階自然語言處理演算法；而Apple亦透過購併Novauris、VocalIQ、Workflow等新創團隊，取得語音辨識、自然語言處理等核心語音技術。資訊大廠動作頻頻，其在「語音優先（Voice First）」世代先馳得點的企圖心可見一斑。

2. 底層語音科技供應商面臨升級、轉型課題

隨著資訊大廠對語音技術掌握度提升，其對上游語音技術供應商的依賴度逐漸下滑。此態勢下，可預見語音科技業者將被推向升級、轉型抉擇點。過往資訊科技大廠支付授權金，以取得特定語音技術使用權，然隨著大廠的語音技術能量提高，部分上游語音科技公司已感受到客戶流失壓力。

加上，資訊大廠為了迅速壯大自家 AI 語音助理陣營，幾乎均免費開放語音開發工具、提供測試環境，甚至釋出技術人力、資金，來扶持具潛力的 AI 語音應用新創業者。此舉確實有助大廠加速 AI 語音生態系擴展，但卻也間接衝擊既有語音技術供應商的業務機會。

(二) 利基應用方案成新出路

1. 避免與通用型 AI 語音助理平台大廠正面交鋒

AI 語音助理平台大廠耕耘家用市場有成，繼 AI 智慧音箱後，緊接著將觸角伸入行動裝置、穿戴裝置與 PC、車載資通訊系統等產品，企圖讓 AI 語音助理滲透民眾日常生活。由於「生態系規模」是通用型 AI 語音助理市場的關鍵成功因素，平台大廠挾帶資源優勢，自然一鼓作氣高築壁壘，中、小型語音科技公司望塵莫及。

雖然不少底層語音科技公司掌握某項領先的語音技術，無奈在 B2C 業務模式下，此優勢似乎無力成就大局。通用型 AI 語音助理的「聰明與否」，除了取決於多元技術與應用服務的整合功力之外，更需高度掌握一般使用者的生活數據與偏好。就此角度而言，貼近消費大眾的 AI 語音助理平台大廠，自然握有絕對優勢。

2. 垂直應用領域前景樂觀，增添進軍誘因

根據國際市調機構 Technavio 估計，基於即時對話需求提升之趨勢，估計 2016 至 2021 年虛擬助理利基應用市場年複合成長率，均在 9%以上。其中，AI 語音助理應用將占大宗，至 2021 年估計逐步

提升至七成左右。應用類型方面,則大致可分為平行應用與垂直應用,前者聚焦某項企業營運環節,後者則強調整體解決方案。

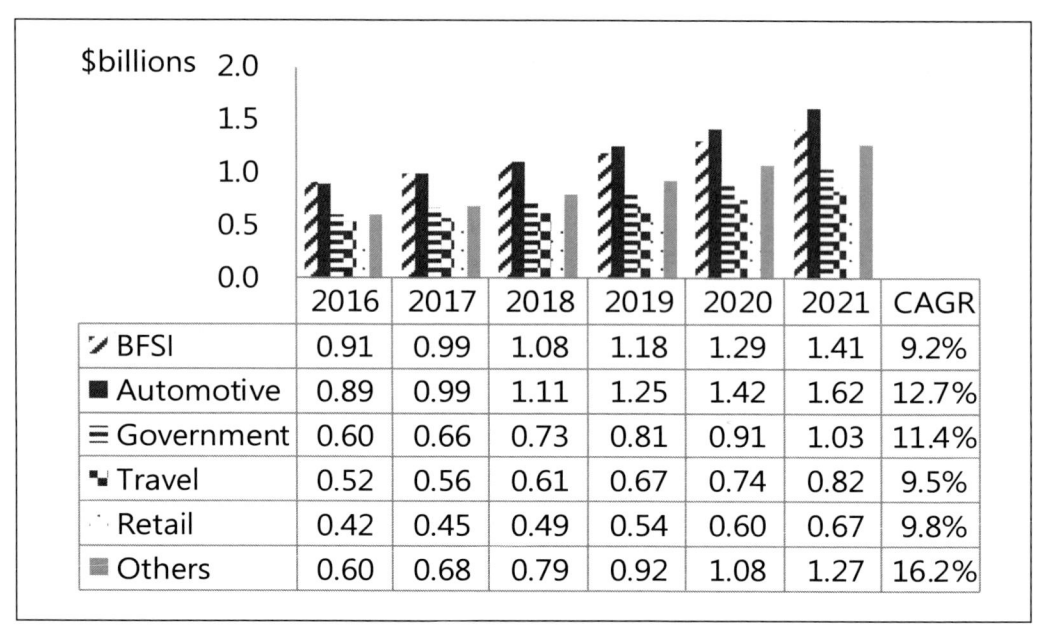

$billions	2016	2017	2018	2019	2020	2021	CAGR
BFSI	0.91	0.99	1.08	1.18	1.29	1.41	9.2%
Automotive	0.89	0.99	1.11	1.25	1.42	1.62	12.7%
Government	0.60	0.66	0.73	0.81	0.91	1.03	11.4%
Travel	0.52	0.56	0.61	0.67	0.74	0.82	9.5%
Retail	0.42	0.45	0.49	0.54	0.60	0.67	9.8%
Others	0.60	0.68	0.79	0.92	1.08	1.27	16.2%

註1:AI虛擬助理含括文字與語音互動模式,後者比重約占七成
註2:BFSI 係指 Banking, Financial Service and Insurance
註3:其他領域含括教育、醫療照護、電信業等垂直應用
資料來源:資策會MIC 經濟部ITIS 研究團隊整理,2019年7月

圖 5-2　AI 虛擬助理垂直應用市場規模與成長潛力

　　就企業營運活動而言,語音客服的發展相對成熟,其中又以電信業與金融機構客服中心導入意願最高。電信、銀行與保險等機構面對數量龐大的消費大眾,客服中心人力需求之高可想而知。在營運成本節節上升的壓力下,自動語音服務解決方案,或 AI 語音助理與真人客服協作之方式,自然充滿吸引力。藉助 AI 語音科技,一方面可有效降低客服中心需配置的人力資源,另一方面亦有助管理者監督、檢視客服品質。

　　AI 語音助理在垂直市場的發展方面,則以「醫療照護」領域的應用潛力最受期待。醫護人員人手不足,向來是醫療院所頭痛的問題,更棘手的是,在傳統運作模式中,醫護人員常需花費大量時間反覆調

閱病歷、手動紀錄病況、巡房狀況等；透過 AI 語音助理輔助，醫護人員可在行動中完成上述作業，騰出更多精力與時間給病患。

　　AI 語音利基市場的應用多元且前景偏向樂觀，不少業者躍躍欲試。盤點當前主要角逐者，除了既有的語音科技廠商、新創業者之外，亦見傳統資訊科技硬體大廠身影，透過跨產業合作取得產業知識、數據及場域，攜手用戶打造客製化的語音解決方案。

```
Vertical
  HealthCare: Alexa, Aiva, Corti, CUIDA, Cardiocube, HEALTHYMIZE, Nuance, idavatars, Nnuance, kencorhealth, eGain, KIROKU, praktice.ai, neurolex, Robin, SENSELY, SYLLABLE, Toneboards, 韓創、台灣人工智慧實驗室...
  E-Commerce: Addstructure, CEREBEL, Voysis, Mindori, Twiggle, eGain, 竹間智能...
  Banking, Finance Service & Insurance: Amazon Alexa, Active.Intelligence, Clare.ai, Cortana, Kasisto, eGain, Nuance, personetics, VOXO, 竹間智能...
  Manufacturing/Supply Chain: AUGURY, Kextil, Otosense, Nuance, 3DSignals, voxware...
  Retail: Microsoft Cortana, Fujitsu, Nuance, 靈隆科技、阿里巴巴...
  Travel/Hospitality: Amazon Alexa, Roxy, volara, SKT, eGain, Nuance, 小貝科技...
  Education: Amazon Alexa, Nuance, 靈隆科技、凌聲芯、賽微科技...
  Others:
    • Gov'rnt: eGain, Nuance...
    • Social: 大千智慧...
    • Real Estate: knock
    • Agriculture: AGVOICE...
    • Legal: Nuance...

Horizontal
  Business Intelligence: clarify, Calabrio, Eureka, Luminoso, NICE, RankMiner, Verint, yactraq, CallCtriteria...
  Sales: Gong, EVE calls, Zero, Chorus, Execvision, Voiceops, Rollio, TalkIQ, taact.ai...
  Marketing: Conversable, convirza, dialogtech, invoca, allomedia, veritonic, Gridspace...
  Customer Support: afininti, Call Desk, cogito, Irsoft, Aaron.ai, Qivo, bluework, SmartAction, interactions, Servo.ai, Rogervoice, Deepgram, Gridspace, 上海智臻、竹間智能、碩網、大千智慧、鴻德、賽微科技...
  Productivity: Astro, AISense, clarke.ai, deepgram, eva, Gridspace, happy Scribe, Gleep, jargon.ai, MinuteHero, qeep, SayIt, Sonia, scale, scribie, Speechpad, Synqq, trint, trybe, TranscribeMe, tact.ai, voicefox, verb, 6voices, rev, Nuance, 德鴻科技...
  Coaching: ambit, soundwise...
  Recruiting: Hire IQ, Voice Glance, 竹間智能...
  Others (ex. Procurement, R&D...)

Personal & Smart Home
  Amazon Alexa, Google Assistant, Apple Siri, Microsoft Cortana, Samsung Bixby, Viv (acquired by Samsung), Naver + Line Clova, Gatebox, SKTelecom, Kakao, Snips, 靈隆科技-科大訊飛, 百度 Duer OS, 小米科技-小愛同學, 阿里巴巴-阿里精靈, 獵戶星空, 出門問問, 思必馳...
```

備註：僅羅列當前各應用領域主要業者
資料來源：資策會 MIC 經濟部 ITIS 研究團隊整理，2019 年 7 月

圖 5-3　個人用／家用、平行與垂直領域之 AI 語音科技業者

（三）底層語音技術業者開創雙營收來源

1. AI 語音技術研發焦點轉向「對話管理」

　　觀察 AI 語音助理平台大廠的語音技術布局軌跡，起初多著重於語音辨識技術、自然語言處理演算法等核心語音技術。隨著準確率達到一定水準後，大廠嘗試讓家用 AI 語音助理化身「個人貼身祕書」，故聚焦發展使用者偏好預設功能、聲紋辨識技術等，以創造個人化的互動體驗。現階段，下游資訊科技巨擘企圖進一步為 AI 語音助理添

加「人味」，因此語音技術研發轉而聚焦多輪式對話、多語言夾雜、多人穿插發言等對話管理技術，讓使用者與 AI 語音助理的互動，更貼近人與人之間的對話情境。

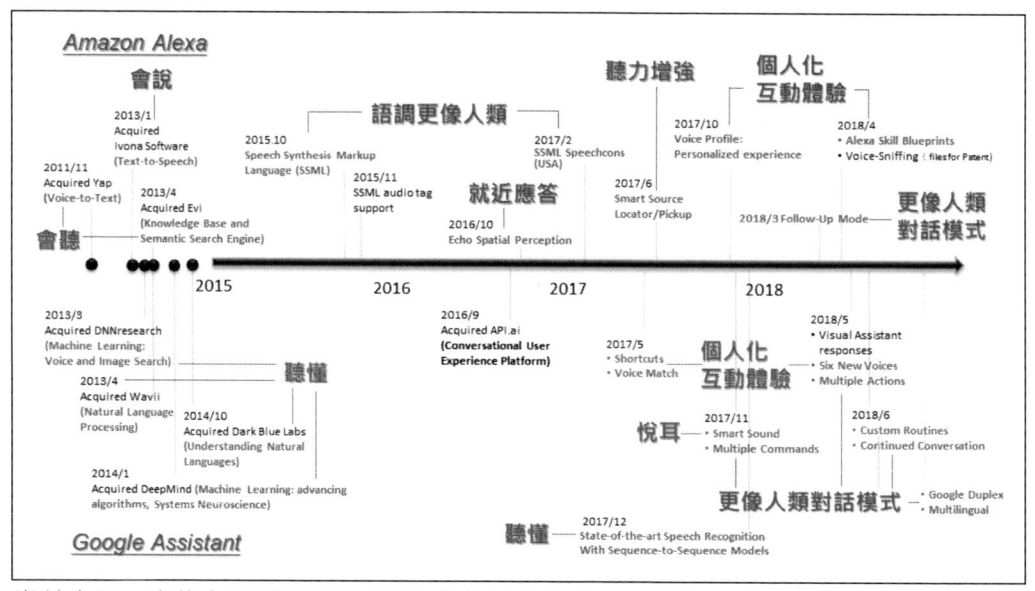

資料來源：資策會 MIC 經濟部 ITIS 研究團隊整理，2019 年 7 月

圖 5-4　Amazon 與 Google 語音技術布局軌跡

2. 轉型服務供應商，多項能耐待補

　　語音技術供應商轉型服務供應商，亦是可行出路，但除需掌握利基應用領域數據來源、產業知識外，通路與售後服務資源亦需到位。觀察 AI 語音技術標竿業者 NUANCE Communications 的重振經驗，便可看出端倪。為了在利基應用市場扎根，NUANCE Communications 已進行超過 40 次的整合、購併或合作活動，藉此補強解決方案供應商必備能耐。在選定利基市場後，首先透過整合與購併同業，來取得產業知識、數據來源及通路資源；接著，著手擴展利基客群及國際市場；站穩腳步後，再補強產品力、完善產品線，以建立「一站式購買」之競爭力。姑且不論轉型成效，從 NUANCE Communications 的轉型布局軌跡來看，顯然語音科技公司在跨足解決方案業務時，仍有諸多關鍵資源待補。

第五章　焦點議題探討

時間	合作、整合或購併活動對象	技術	產品	市場	通路	產業知識
2005/09	ScanSoft（Merge）	●	●	●	●	
2006/03	Dictaphone Corporation			●		●
2007/03	Focus Infomatics, Inc.	●	●			
2007/04	BeVocal, Inc		●	●		
2007/08	VoiceSignal Technologies, Inc.		●	●		
2007/08	Tegic Communications, Inc.			●		
2007/09	Commissure, Inc			●		
2007/11	Vocada, Inc					●
2007/11	Viecore, Inc.		●			●
2008/05	Philips Speech Recognition Systems GMBH (PSRS)	●		●		
2008/10	SNAPin Software, Inc.		●			
2009/01	IBM (Partnership)	●				
2009/04	Zi Corporation of Calgary		●			
2009/05	The speech technology department of Harman (Collaboration)			●		
2009/07	Jott Networks Inc.	●				
2009/12	Spinvox		●	●		
2010/02	MacSpeech		●			
2010/02	Language and Computing, Inc.	●				
2010/07	iTa P/L		●			
2010/11	PerSay	●				
2011/02	Nuance acquired Noterize		●			
2011/06	SVOX	●	●			●
2011/07	Webmedx		●			
2011/08	Loquendo	●		●		
2011/10	Swype		●			
2011/12	Vlingo		●	●		
2012/04	Transcend Services			●	●	
2012/06	SafeCom		●			
2012/09	Ditech Networks	●	●			
2012/09	Quantim, QuadraMed's HIM Business		●			●
2012/10	J.A. Thomas and Associates (JATA)			●		●
2012/11	Accentus			●		●
2012/12	Copitrak			●		
2013/01	VirtuOz		●			
2013/05	Tweddle Connect			●		
2013/07	Cognition Technologies Inc.	●				
2013/10	Varolii (formally Par3 Communications)		●			
2016/08	Montage Healthcare Solutions.			●		
2016/08	TouchCommerce			●		●
2016/11	Agnitio	●				
2017/02	mCarbon	●		●		
2018/04	Voicebox technology	●				

資料來源：資策會 MIC 經濟部 ITIS 研究團隊整理，2019 年 7 月

圖 5-5　NUANCE Communications 合作、整合與購併活動

（四）結論

1. 下游客戶技術力躍升，語音技術商面臨升級、轉型抉擇

　　Amazon Alexa、Google Assistant 等 AI 語音助理產品成功落地，吸引眾多資訊科技大廠跟進，打造自家 AI 語音助理平台。為了提高核心技術的掌握度，並迅速壯大生態系，資訊大廠除了頻頻購併、挖角技術人才，更幾乎均免費開放第三方語音開發工具、虛擬測試環境，甚至提供資金與技術人力支援。然而，資訊科技大廠的 AI 語音助理事業策略方向，卻也間接擠壓上游語音技術供應商的業務成長空間。下游廠商語音技術話語權提升的態勢下，底層語音技術供應商逐步面臨商業模式調整抉擇點。

2. 在通用型市場難與大廠匹敵，但拓展利基應用有籌碼

　　AI 語音助理應用市場大致可分為通用型與商用型，下游資訊大廠拓展通用型市場無疑具有絕對優勢。姑且不論跨產業整合本需龐大銀彈資源，下游資訊大廠對於消費者數據與偏好掌握度高，乃是不爭的事實，而這對於 AI 語音助理「聰明與否」甚為關鍵；此外，下游資訊大廠打造 AI 語音助理平台之目的，多半是為了助攻本業營收表現，因此對於大眾客群，自然緊抓不放。衡量資源優劣勢，雖上游語音科技業者難在 B2C 市場與資訊大廠抗衡，但在 B2B 市場卻有勝算。首先，商業 AI 語音利基應用客製化程度高，且企業用戶重視系統整合、供應商即時支援等能力，這與資訊大廠事業策略方向並不吻合。商用 AI 語音市場成長潛力偏向樂觀，在下游大廠大舉進軍意願不高的預期下，語音技術供應商可望有更大的發揮空間。加上，B2B 市場本是語音技術供應商熟悉的戰場，過往服務企業客戶累積豐富的經驗與關係，亦是拓展 AI 語音利基應用業務時，有力的籌碼。

3. 技術研發聚焦對話管理，跨足服務商業務則不宜單打獨鬥

　　面對下游廠商語音技術掌握度提升的事實，語音技術供應商可選擇鑽研進階技術、轉型解決方案供應商，或採雙業務併行模式。倘若依舊以技術授權金為主要營收來源，可參考資訊大廠 AI 語音助理技術布局軌跡，聚焦情緒辨識、多輪式對話、多語言夾雜、多人穿插

發言等「對話管理技術」。若有意進一步拓展 AI 語音利基應用,則需留意單靠領先的技術能力,恐仍不足以立足市場。借鏡 AI 語音科技標竿業者 NUANCE Communications 的轉型經驗,顯示掌握利基領域「數據來源」、「產業知識」與「通路」為基本前提;另外,亦需同步補強系統整合與即時支援等能耐。就此角度而言,購併或跨業合作將是必要之舉。

二、IC及車用電子業者的自駕車商機

(一)自駕車市場規模

自駕車產業的龐大商機,吸引傳統汽車產業業者大力投入研究;眾多新創業者鎖定自駕運算技術、關鍵自駕元件深度開發,甚至成立自駕車品牌;國際大型 ICT 業者亦看準自駕商機跨入此領域。外界普遍看好自動駕駛未來發展性,據 McKinsey 預估,自駕車市場將於 2030 年達到 6.7 兆美元的規模。其中有 1.5 兆來自經常性收入,包含需求導向移動服務(on-demand mobility services)以及數據驅動服務(data-driven services),車輛共享、線上叫車服務、數據連接服務即屬於此範疇。售後市場(aftermarket)及一次性車輛銷售至 2030 年則分別帶來 1.2 兆、4 兆美元的收入。

資料來源：資策會 MIC 經濟部 ITIS 研究團隊整理，2019 年 7 月

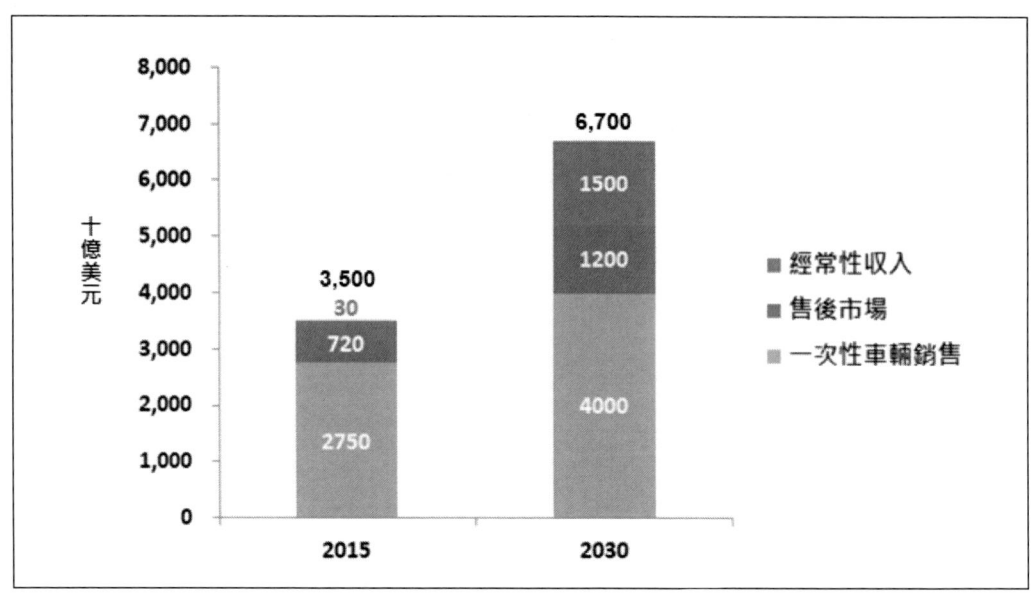

圖 5-6　2030 年自駕車市場規模預測

（二）自駕車產業鏈

1. 自駕車產業鏈概述

　　自駕車駕駛程序有感知、決策、執行三大步驟，首先感知裝置獲取車外環境數據，通過自駕專用車載電腦分析並送出操作指令，由執行器負責加速／減速、轉向、煞車等動作。因應自駕車的感測和資訊處理需求，感測器、電子控制元件（Electronic Control Unit，ECU）、自動駕駛處理器、通訊晶片、ADAS 以及自動駕駛軟體需求看漲，使 ICT 業者在自駕車產業中的重要性日益提高。

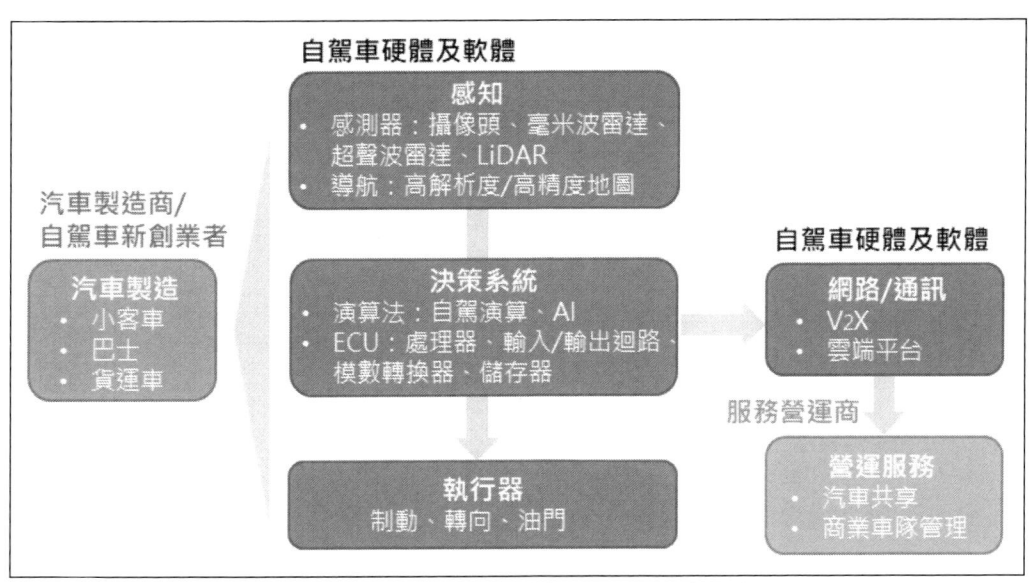

```
┌─────────────────────────────────────────────────────────────┐
│                      自駕車硬體及軟體                          │
│                         感知                                  │
│                    • 感測器：攝像頭、毫米波雷達、               │
│                      超聲波雷達、LiDAR                         │
│                    • 導航：高解析度/高精度地圖                  │
│  汽車製造商/                                  自駕車硬體及軟體  │
│  自駕車新創業者                                               │
│    汽車製造            決策系統               網路/通訊        │
│   • 小客車          • 演算法：自駕演算、AI    • V2X           │
│   • 巴士            • ECU：處理器、輸入/輸出迴路、• 雲端平台  │
│   • 貨運車            模數轉換器、儲存器                      │
│                                              服務營運商       │
│                         執行器                營運服務        │
│                      制動、轉向、油門         • 汽車共享       │
│                                              • 商業車隊管理   │
└─────────────────────────────────────────────────────────────┘
```

資料來源：資策會 MIC 經濟部 ITIS 研究團隊整理，2019 年 7 月

圖 5-7　自駕車產業鏈

2. 自駕車產業業者分類

傳統汽車產業鏈業者類型包含車用半導體、車用電子以及汽車製造商，其中 tier1、tier2 廠商提供車用晶片、微元件、汽車電子控制系統等零組件給車商，產業鏈相對封閉，由汽車製造商和 tier1 業者主導。自動駕駛的軟硬體革新，使非傳統汽車供應鏈的 ICT 業者有機會進入市場，造就自駕車產業多元的業者型態，目前主要業者類型涵蓋車用半導體、車用電子、自駕車用軟體、汽車製造商以及自駕車新創業者。

自動駕駛硬體廠商，LiDAR、自駕晶片、微元件、自駕電腦的需求，恰好是 ICT 業者擅長的區塊，新進業者及產品如 NVIDIA 的 GPU、Velodyne 的 LiDAR 等。傳統車用半導體與車用電子廠亦緊跟自駕潮流，半導體業者 NXP、Renesas、Infineon、ST、TI 等，紛紛提升處理器、微元件運算效能，由於這些大廠多年來實施垂直整合（IDM）模式，技術實力不容小覷。車用電子廠商 Bosch、Continental、DENSO、ZF、Delphi 陸續推出自駕電腦和 ADAS 系統，也以收購方式補足技

術，例如 2017 年 10 月 Delphi 收購自駕新創公司 nu Tonomy，搶攻自動駕駛商機的決心顯而易見。

自動駕駛軟體廠商，軟體是自駕車另一個核心科技，包含以車為主體的自駕系統和匯集資訊的雲端平台。近年技術重點有圖資、電腦視覺、機器學習以及 AI 演算法開發，吸引不少新創企業投入，Mobileye 的圖資處理技術即是成功嶄露頭角的案例。國際大廠如 Microsoft 和百度則強調大量數據的匯集，建置自駕平台為客戶提供解決方案。

汽車製造商／自駕車新創業者，傳統汽車製造商除了在公司內部組建新研發團隊，同時以收購或投資方式獲取自駕技術，近期鎖定電腦視覺、圖資以及 AI 技術為首要補強項目。自駕車新創業者優勢在於自駕軟體與系統掌握程度高，目前領導廠商積極招募電腦視覺、機器學習、AI 等技術研發人員，並與營運服務商合作汽車共享和線上叫車業務，由此可知新創廠商多半著力於整體的自駕軟體解決方案，以及設計商業營運模式。

（三）自駕車 IC 及電子零組件需求

1. 車用半導體及電子元件需求說明

自駕車所需的半導體元件有微元件、類比 IC、光學與感測元件、記憶體以及分離式元件。因應感測、視覺以及資訊處理需求，自駕車需要的感測和控制元件數量增加，功能要求和傳統車輛差異頗大，造成微元件、類比 IC 和光學與感測元件需求強勁。微元件主要有 MPU、MCU、DSP；光學與感測元件則有雷達、光達（LiDAR）、CMOS 影像感測器、超音波感測、壓力感測、磁力感測等裝置。

現階段市售車輛配備之自駕系統落在 SAE Level 2～3，量產型自駕車進度最快的車商 Audi，於 2017 年 7 月發表全球第一款裝配 LiDAR 的 A8，屬於 SAE Level 3，2017 年秋季搶先在德國上市，2018 年已開始銷售至其他國家，售價每輛 90,600 歐元起。SAE Level 3 是無人駕駛入門階段，僅能在特殊條件下開啟自動駕駛模式，駕駛人要

做好隨時接管車輛的準備。此等級車輛需精良的 ADAS 以實現自動巡航（Autopilot）功能，ADAS 成為各大車用電子零部件廠商極力研發的目標。ADAS 子系統功能多元，常見有盲點偵測系統（BSD）、前方／後方／側方碰撞警示系統、偏離車道警示系統（LDWS）、夜視系統、主動車距控制巡航系統（ACCS）、停車輔助系統等，ADAS 成為切入自動駕駛產業供應鏈的熱門產品選擇。

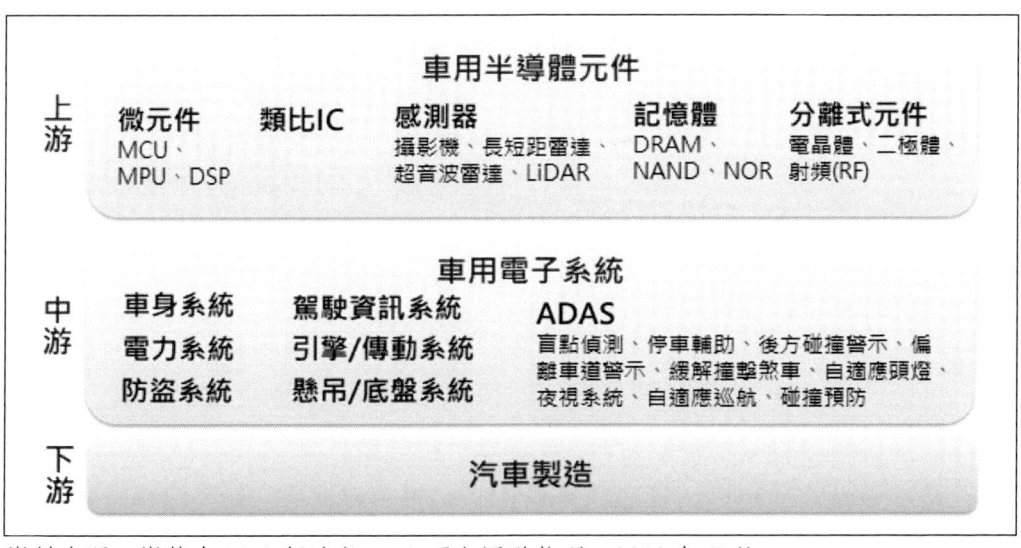

上游	車用半導體元件				
	微元件 MCU、 MPU、DSP	類比IC	感測器 攝影機、長短距雷達、 超音波雷達、LiDAR	記憶體 DRAM、 NAND、NOR	分離式元件 電晶體、二極體 射頻(RF)
中游	車用電子系統				
	車身系統 電力系統 防盜系統	駕駛資訊系統 引擎/傳動系統 懸吊/底盤系統	ADAS 盲點偵測、停車輔助、後方碰撞警示、偏離車道警示、緩解撞擊煞車、自適應頭燈、夜視系統、自適應巡航、碰撞預防		
下游	汽車製造				

資料來源：資策會 MIC 經濟部 ITIS 研究團隊整理，2019 年 7 月

圖 5-8　自駕車產業上中下游之主要產品需求

2. 自駕產業國際大廠新產品動態

傳統汽車產業之硬體業者，傳統車用半導體業者配合 ADAS 以及自動駕駛的視覺處理、高效能運算需求，推出新版處理器與控制元件，例如 NXP 2017 年的感測器融合處理器 S32V234。自駕車感測技術及 V2X 通訊科技亦為發展重點，感測晶片的偵測範圍不斷拓寬，Infineon 與 TI 分別推出 77/79GHz 雷達感測晶片、76GHz-81GHz 毫米波雷達；V2X 通訊晶片在 2017 年 Infineon、NXP（Qualcomm）、ST Microelectronic 皆有新品發布。另外，防駭客入侵的自駕車安全晶片受重視程度也逐漸提高，NXP 已著手開發端到端的安全解決方案。

表 5-1　傳統汽車產業半導體供應商近期發表之自駕產品

公司	處理與控制元件	感測器及其他晶片
ADI	無	◆ Drive360 28nm CMOS RADAR 技術平台 ◆ 77/79-GHz RADAR 感測器演示方案：與 Renesas 合作
Infineon	◆ AURIX MCU 系列：結合感測器融合、安全防護等技術	◆ 77/79GHz 雷達感測晶片 ◆ SLI 97/SLI 76：用於 V2V、V2I、V2X 通訊安全
NXP	◆ S32V234：感測器融合處理器 ◆ LS2084A：嵌入式運算處理器 ◆ S32R27：雷達微控制器	◆ RoadLINK 晶片組：用於 V2X 通訊安全
Renesas	◆ R-Car SoC：Autonomy 平台之高效能視覺處理晶片 ◆ RH850 MCU/ V1R-M MCU：用於數位訊號處理	無
ST	無	◆ V2X 晶片組
TI	◆ TDA SoC 系列：用於 ADAS	◆ 76GHz-81GHz 毫米波雷達

資料來源：資策會 MIC 經濟部 ITIS 研究團隊整理，2019 年 7 月

車用電子大廠積極投入自動駕駛研究，近年新發表的產品主要是自駕車專用車載電腦、ADAS 以及自駕平台，產品涵蓋軟體與硬體。車載電腦主要有 Delphi MDC 和 ZF ProAI，MDC 應用於 Delphi、Intel、Mobileye 共同合作的 CSLP 自動駕駛平台；ZF ProAI 自駕電腦系統內部採用 NVIDIA DRIVE PX 2 系列產品。大廠發表的 ADAS 以難度高的自動巡航為目標，能在高速公路或其他較單純路況接手駕駛工作，亦導入 AI 及深度學習希望能有效判斷障礙物，提升自動駕駛安全性。高度整合的平台已知 Delphi CSLP 自動駕駛平台、Magna MAX4 自動駕駛平台，皆瞄準 SAE Level4 或更高等級自駕車而設計，預計 AI 相關科技未來在系統中占重要地位。

目前已有業者看好自動駕駛商機而增設廠房。全球最大汽車零部件商 Bosch 除了德國 Reutlingen 既有感測器製造工廠，2017 年近一步投資 11 億美元，於德國 Dresden 建立晶片工廠，預計 2019 年完工，可製造自動駕駛及其他智慧科技需求項目。

表 5-2　傳統汽車產業車用電子供應商近期發表之自駕產品

公司	處理與控制元件	感測元件	自動駕駛軟體
Bosch	無	High dynamic range（HDR）camera	High-resolution mapping system
Continental	Smart Control	第五代偵測鏡頭	◆ 智慧巡航（Smart Cruise） ◆ 巡航駕駛（Cruising Chauffeur） ◆ V2X 系統
Delphi	多網域控制器（Multi Domain Controller，MDC）	RACam	中央傳感定位與規劃（CSLP）自動駕駛平台
Denso	無	無	AI 車用系統
Ibeo	LUX 融合系統之 ECU	◆ LUX 融合系統之感測器 ◆ 廣角掃描（ScaLa）感測器	LUX 融合系統
Magna	無	◆ MAX4 自動駕駛平台 ◆ Clear View 系統	MAX4 自動駕駛平台
ZF	ZF ProAI	無	X2Safe 智能演算

資料來源：資策會 MIC 經濟部 ITIS 研究團隊整理，2019 年 7 月

自駕車產業新進硬體業者，自駕車供應鏈的新進業者涵蓋既有 ICT 國際大廠以及自駕車技術相關新創公司。半導體業者和傳統汽車製造商及 tier1 廠商合作密切，Intel 與 NVIDIA 為代表性業者，產品以視覺處理及適用 AI 運算為特點。目前已知 Intel 和 BMW 與 Delphi 合作；NVIDIA 和 Audi/Toyota/Volvo、ZF 等業者合作，加速產品開

發。收購或投資也是獲取技術的重要手段，Intel 曾於 2016 年收購車用 FPGA 業者 Altera、車載電腦 OTA 技術公司 Arynga、視覺處理晶片新創公司 Itseez 和 Movidus；2017 年更收購輔助駕駛系統廠 Mobileye。

表 5-3　新進 ICT 供應商近期發表之自駕相關產品－半導體廠

公司	處理與控制元件
Intel	◆ Atom®處理器 ◆ Xeon®處理器 ◆ Arria® 10 FPGA
Mobileye	◆ EyeQ SoC 系列：視覺處理
NVIDIA	◆ Xavier：AI 處理器 ◆ Tesla P4、P40 GPU ◆ DRIVE PX Pegasus：延續 Xavier 架構 2018 推出

資料來源：資策會 MIC 經濟部 ITIS 研究團隊整理，2019 年 7 月

感測器是自駕車關鍵零組件，現階段首要目標是降低 LiDAR 成本。主要國際供應商有傳統車用電子廠商—最早進入車用雷射雷達領域的公司 Ibeo，以及新進業者 Quanergy 和 Velodyne。Ibeo 近期新產品有廣角掃描（ScaLa）感測器和 LUX 融合系統，LUX 系統可融合 6 個感測器，偵測距離達 200 公尺，該公司以降低線程的方式減少成本；Quanergy 的 S3 固態雷達感測器採用相控陣方式（Optical Phased Array）取代旋轉機構，預計每台成本 200 美元；Velodyne 2017 年發表的低價 Velarray™ LiDAR 採用公司專有的 ASICs（Application Specific Integrated Circuits），125mm x 50mm x 55mm 的小尺寸可嵌入車輛正面及側面，提供 120 度水平視野、35 度垂直視野，偵測距離達 200 公尺。

表 5-4　新進 ICT 供應商近期發表之自駕相關產品－汽車零部件

公司	感測元件
Quanergy	S3 固態雷達感測器
Velodyne	固態 Velarray™ LiDAR

資料來源：資策會 MIC 經濟部 ITIS 研究團隊整理，2019 年 7 月

（四）臺灣車用 IC 及車用電子業者現況

　　臺灣半導體產業發展成熟，在傳統汽車產業鏈中則有多家車電廠商，各業者可在既有基礎之上發展新產品，供應 ADAS 或更高等級自駕車的需求。目前臺灣與自駕產業有關的半導體公司主要業務多半是消費性電子、汽車娛樂系統，正逐步往高技術門檻的 ADAS 發展，已有少數業者進入汽車前裝市場。車用電子廠商現階段已提供 360 度環景（AVM）、盲點偵測（BSD）、碰撞預警系統、偏離車道警示系統（LDWS）、胎壓偵測（TPMS）、夜視系統（NVS）等產品。

1. 臺灣自駕車產業相關半導體業者

　　IC 廠由 ADAS 需求切入，主要產品項目有微元件、車用記憶體、感測器晶片以及無線通訊晶片。由於車用半導體需符合國際標準規範，各業者已著手提升品質，近年通過認證的業者及產品包含：旺宏 NAND Flash 通過 ACE-Q100 Grade2/3 標準、瑞昱 3D 環景影像系統 RTL9020A 符合 AEC-Q100 Grade 2 標準、鈺創 30 奈米製程之低功耗記憶體通過日本汽車大廠認證。眾業者中，凌陽已有 ADAS 晶片進入前裝市場，偉詮電環景影像系統也獲得大陸車廠採用，其餘不少業者亦為進入前裝市場做準備。

　　IC 製造與封測廠商屬於既有的國際大廠，包含日月光、台積電、聯電，近年為爭取訂單已陸續申請 ISO 26262、AEC-Q100 Grade1、ISO TS-16949 等車規認證。日月光高雄廠於 2016 年底通過 ISO26262 認證，該標準是針對總重 3.5 頓以內車輛設置的電子電機系統安全而設計。台積電已通過 ISO 26262 和 AEC-Q100 Grade1 認證，是全球第一間採用 16nm FFC 製程量產 ADAS 核心晶片的代工業者。聯電

推出 UMC Auto 解決方案平台並通過 AEC-Q100 認證，製程從 0.5 微米到 28 奈米製程，所有聯電晶圓廠製程皆符合 ISO TS-16949 汽車品質標準。

公司	微元件	車用記憶體	感測器晶片	無線通訊晶片
旺宏		■		
凌陽	■		■	
原相			■	
偉詮電	■		■	
盛群	■			
華邦電		■		
瑞昱			■	■
鈺創			■	
聯發科	■			■

資料來源：資策會 MIC 經濟部 ITIS 研究團隊整理，2019 年 7 月

圖 5-9　臺灣自駕車產業相關半導體業者現有車用產品

2. 臺灣自駕車產業相關車用電子業者

車電業者以 ADAS 裝置起步，主要鎖定的子系統有 360 度環景（AVM）、盲點偵測（BSD）、碰撞預警系統、偏離車道警示系統（LDWS）、胎壓偵測（TPMS）、夜視系統（NVS）等產品，複雜度高的自動巡航系統則未推出。感測器方面，大多數業者早已銷售倒車雷達和胎壓偵測器，部分業者提供 CCD、CMOS 感光元件，擁有車用光學鏡頭技術的廠商則較少數。

臺灣車電業者大多位於後裝市場，為汽車原廠及 Tier1 廠商供貨者不多。目前光寶與亞光的零組件已進入 Tesla 供應鏈；啟碁則屬於 Tier2 供應商，主要提供無線射頻及微波之產品。其餘廠商以同致電子、車王電子、怡利電子等供應的 ADAS 項目較多，提升影像系統利用在盲區偵測、防碰撞、夜視等多種用途。

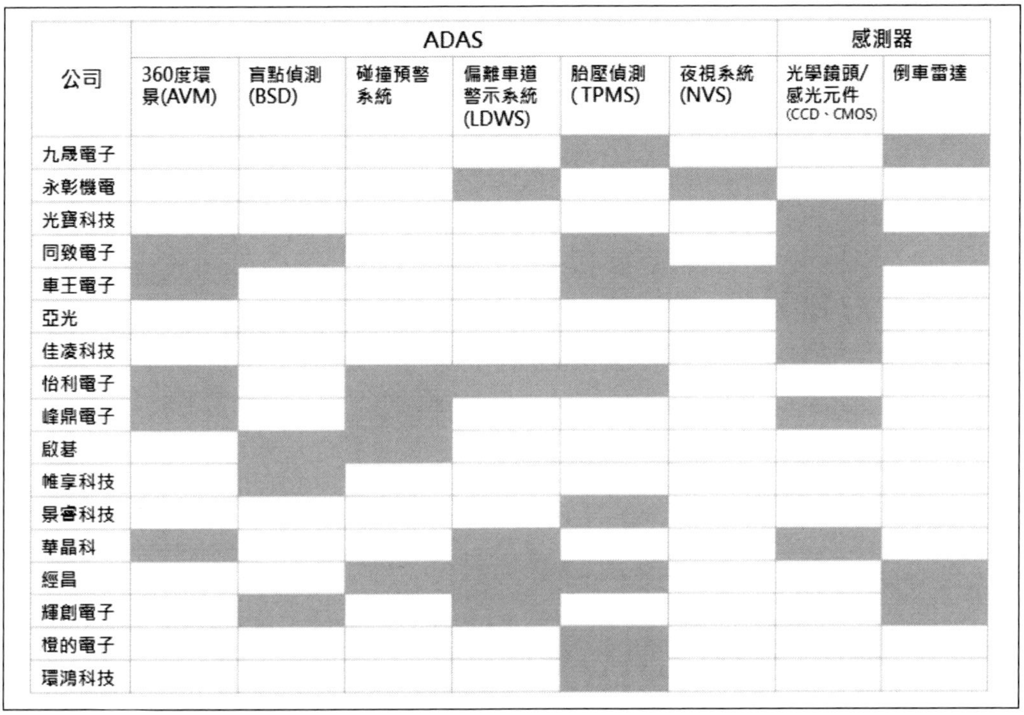

公司	ADAS 360度環景(AVM)	盲點偵測(BSD)	碰撞預警系統	偏離車道警示系統(LDWS)	胎壓偵測(TPMS)	夜視系統(NVS)	感測器 光學鏡頭/感光元件(CCD、CMOS)	倒車雷達
九晟電子					■			■
永彰機電			■		■			
光寶科技							■	
同致電子	■	■	■	■			■	■
車王電子	■	■					■	■
亞光							■	
佳凌科技							■	
怡利電子	■		■	■				
峰鼎電子	■			■				
啟碁		■						■
帷享科技	■	■						
景睿科技					■			
華晶科	■	■	■	■			■	
經昌					■			
輝創電子		■	■	■				■
橙的電子					■			
環鴻科技					■			

資料來源:資策會 MIC 經濟部 ITIS 研究團隊整理,2019 年 7 月

圖 5-10　臺灣自駕車產業相關車電業者

（五）結論

1. 傳統車用半導體和車電業者大力投入視覺處理軟硬體研發

　　自駕車需要極佳的視覺辨識能力,車用半導體業者不斷提高處理器運算效能並加強感測器融合技術,同時推出視覺處理微元件和感測器晶片。車用電子業者在決策系統方面深入著墨,近年主要產品有自動駕駛電腦和 ADAS 系統,部分業者進一步與 ICT 廠合作自動駕駛平台以增強主導權地位,例如 Delphi CSLP 自動駕駛平台、Magna MAX4 自動駕駛平台。這些傳統汽車產業鏈的大廠技術雄厚,瞄準高技術門檻 SAE Level 3～5 產品,加上與車廠的既有合作關係,仍能在自駕浪潮中占有優勢。

2. 國際 ICT 大廠挾優勢資源快速發展新品，小型新進業者以提供感測器及自駕軟體技術為主

國際半導體業者以 Intel 和 NVIDIA 為代表，前者近年以收購方式快速發展自駕車用產品，後者致力於深化圖形處理器效能。AI 和視覺處理科技是大廠研究重點，目前正透過與車廠及 Tier 1 廠商的合作快速改良產品。其餘新進業者以 LiDAR 和自駕軟體研發居多。LiDAR 的價格關係到自駕車是否能以親民的價格問世，主要業者有 Ibeo、Quanergy 以及 Velodyne，分別以降低線程、旋轉機構的取代、特有 ASICs 的方法解決體積龐大和高成本問題，有機會使每台成本低於 200 美元。

3. 臺灣相關廠商產品多為 ADAS 之影像系統及元件

車用半導體業者現有產品主要有微元件、記憶體、感測器晶片和無線通訊晶片，少部分業者已通過國際認證，未來有機會進入車輛前裝市場。另一方面，臺灣半導體代工國際大廠近年亦完成 ISO 26262、ISO TS-16949、AEC-Q100 等車規認證，有利於爭取自駕產品國際訂單。車電廠由 ADAS 開始發展 360 度環景、盲點偵測、碰撞預警系統、偏離車道警示系統、胎壓偵測、夜視系統等產品，但未開發高技術難度的自動巡航（Autopilot）系統。感測器是車電廠商另一個專注點，已有廠商憑藉光學元件進入國際大廠供應鏈，產品品質提升以及通過國際車規認證，是自駕車電產品能否掌握商機的重要因素之一。

三、中國大陸人工智慧晶片主要業者發展分析

（一）背景

1. 中國大陸將人工智慧視為下一波產業成長動能

中國大陸國務院 2017 年 7 月發布「新一代人工智能發展規劃」，將人工智慧的發展定為國家戰略目標，從中央到地方省政府投入大量的資金扶持人工智慧產業的發展。除了政策及資金的支持外，中國大陸龐大的國內市場及數據庫更是支持人工智慧發展的基礎，自

2011 年開始的平安城市建設帶動安全監控設備的建置，累積大量影像數據，成為影像辨識發展的基礎，為中國大陸的人工智慧應用提供良好的發展環境。

2. 人工智慧晶片成為中國大陸自主晶片的發展機會

而在這波人工智慧的發展下，晶片亦是實現人工智慧應用的重要一環，不同於 CPU、GPU 已是國際大廠的天下，人工智慧晶片是一個新興的產品，提供低耗能、高運算能力的晶片型態成為廠商的發展機會，再加上中國大陸國內人工智慧應用的蓬勃發展，吸引中國大陸從學術單位到產業領導業者皆積極投入發展人工智慧晶片。

3. 各方業者積極投入人工智慧晶片，新創業者嶄露頭角

中國大陸目前投入人工智慧晶片的業者大致可分為三個類別，第一為既有晶片廠商發展人工智慧晶片，如華為海思於 2018 年推出自行研發的人工智慧晶片架構 Da Vinci；第二種則為網路服務大廠投入研發人工智慧晶片，如中國大陸三大網路服務業者百度、阿里巴巴、騰訊皆針對人工智慧晶片有所布局，百度以合作及自主研發為主，2018 年 7 月發布了自主研發的人工智慧晶片「昆侖」；而阿里巴巴在併購中天微、並大舉投資多家人工智慧晶片業者後，於 2018 年 9 月宣布成立半導體公司，投入人工智慧晶片的研發；騰訊在人工智慧晶片的布局雖不若百度、阿里巴巴積極，但亦投資比特大陸、Barefoot Networks 等業者。

第三種則為人工智慧晶片新創業者，其創辦人有來自國家的研究院、頂尖大學的畢業生、或者是從網路服務業者離開後自行創業，雖然不像大廠擁有豐富資金，但卻具備技術基礎，因此多間新創業者成立後備受關注，憑藉技術優勢獲得大量的資金投資，成為人工智慧晶片領域的獨角獸，亦讓全球關注中國大陸在人工智慧晶片的發展動向。後續將以目前中國大陸主要人工智慧晶片業者的發展進行剖析，了解其目前的布局方向及未來發展挑戰。

（二）華為海思半導體

華為為中國大陸重要的通訊設備廠商，而旗下的海思半導體亦為中國大陸重要 IC 設計廠商之一，產品包含手機、有線網路、無線網路、數位多媒體等 IC 應用領域。目前華為海思與人工智慧晶片相關的主要有三個產品線，一個為整合寒武紀神經網路晶片 IP 的手機處理器 Kirin 系列，2017 年華為海思與寒武紀合作，推出整合人工智慧加速器的手機處理器 Kirin 970，2018 年再度推出 Kirin 980；第二個則為海思針對影像 SoC 推出的 Hi 3599A，整合雙核心的 NNIE 運算引擎，用於物件分類與屬性辨識等功能；最後則是自主研發的人工智慧晶片架構「Da Vinci」，為華為 2018 年 10 月發布的人工智慧戰略的一環，華為的人工智慧戰略中除了晶片外，華為更將提供從晶片到應用的開發工具，透過更完善的開發支援，推動人工智慧在全場景的實現。

1. 整合寒武紀的 IP 實現手機人工智慧運算能力－Kirin 980 中國

Kirin 980 為華為海思於 2018 年推出應用於手機的 SoC，處理器採用雙核心的 ARM Cortex-A76（2.6GHz）、雙核心的 Cortex-A76（1.92GHz），以及 4 個 Cortex-A55 小型核心，而 GPU 則採用 ARM 所開發的 Mali-G76 核心處理器，將採用台積電 7nm 製程。與 Kirin 970 相同，為了加速人工智慧的運算，Kirin 處理器搭載了由第三方廠商寒武紀提供的 IP－雙神經網絡運算核心 NPU 1H16，讓 Kirin 980 能夠實現每分鐘辨識 4,500 張影像，相較 Kirin 970 辨識速度提升了 120%。

表 5-5　Kirin 970 及 Kirin 980 規格比較

	Kirin 970	Kirin 980
CPU	4xCortex A73 2.4GHz+2xCortex A53 1.8GHz	2x Cortex A76 2.6GHz+2x Cortex A76 1.92GHz+4x Cortex A55 1.8GHz+
NPU	有	雙 NPU
GPU	Mali G72 MP12，1833MHz	Mali-G76
ISP	雙 ISP	
製程	台積電 16 nm FinFET Plus	台積電 7nm FinFET

資料來源：資策會 MIC 經濟部 ITIS 研究團隊整理，2019 年 7 月

2. 針對攝影機應用推出具備人工智慧運算能力的影像 SoC Hi 3559A

　　2018 年 1 月海思發布其針對影像應用的人工智慧晶片 Hi3559A V100，該產品強調其在影像分析的能力，具備四核心的 DSP 及雙核心的 NNIE（Neural Network Inference Engine）運算引擎，能用於物件分類（沙發、桌子、椅子、巴士、汽車、飛機、自行車、機車、貓、狗、鳥）和屬性辨識（車輛種類、顏色、車牌）等影像分析功能。此外 Hi3559A V100 亦大幅提升其運算能力，在處理器的部分包含雙核心 ARM Cortex A73（最高時脈 1.8GHz）、雙核心 Cortex A53（最高時脈 1.2GHz）、單核心 Cortex A53（最高時脈 1GHz），此外整合了 GPU（雙核心 Mali G71）在其 SoC 當中。

3. 自主研發 Da Vinci 晶片架構，從全端全場景來實現人工智慧

　　2018 年 10 月在 Huawei Connect 2018 大會上華為公布其人工智慧戰略－從全端（Full stack）及全場景來實現人工智慧。全端為從技術的角度來看，提供晶片、訓練模型框架、應用開發工具等協助企業發展人工智慧應用，該解決方案包含可用於雲端及終端的晶片「昇騰」、函式庫及開發工具「CANN」、支援雲端／終端協同及統一的訓練及推理框架「MindSpore」、一站式人工智慧開發平台「ModelArts」（數據標註、模型訓練、模型優化、模型部屬等）；而全場景則是幫助客戶能將人工智慧落實在雲端、邊緣及終端等不同的環境。

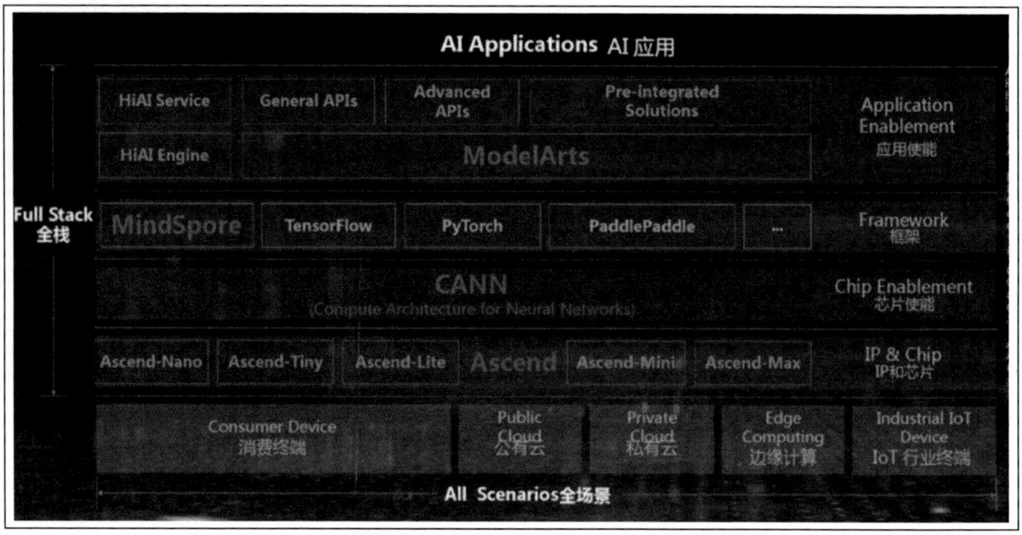

資料來源：資策會 MIC 經濟部 ITIS 研究團隊整理，2019 年 7 月

圖 5-11　華為人工智慧解決方案

　　針對人工智慧晶片的部分，華為推出了「昇騰」系列，針對雲端及終端應用分別推出昇騰 910 及昇騰 310，為華為實現全場景的重要一步。「昇騰」系列的研發來自華為內部由海思董事長領導的「Da Vinci 計畫」，以自主研發的人工智慧晶片架構「Da Vinci 架構」為基礎，開發適用於雲端及終端的晶片，預期 2019 年第二季正式推出，不會單獨銷售其人工智慧晶片，而是以解決方案的形式提供給第三方廠商。昇騰 910 以雲端為主要的應用場景，基於 7nm 的製程開發，在 FP16（半精度浮點數）下，運算效能達到 256 TFLOPS，而昇騰 310 的應用情境則以邊緣終端運算為主，採用 12nm 的製程，在 FP16（半精度浮點數）下，運算效能達到 16 TFLOPS。

表 5-6　華為海思產品列表

	昇騰 910	昇騰 310
架構	Da Vinci 架構	
運算效能	在 FP16 下，達到 256 TFLOPS 在 INT8 下，達到 512 TOPS	在 FP16 下，達到 8 TFLOPS 在 INT8 下，達到 16 TOPS
最大功率	350W	8W
應用	資料中心	邊緣運算
製程	7nm	12nm

資料來源：資策會 MIC 經濟部 ITIS 研究團隊整理，2019 年 7 月

（三）中科寒武紀科技

2016 年於北京成立，為人工智慧晶片 IP 業者，創辦人陳天石及陳雲霽為中科院計算所研究員，2012 年兩人與法國研究所教授合作人工智慧加速器研發項目 DianNao，並以此為基礎在中科院計算所的支持下成立中科寒武紀科技（後簡稱寒武紀），於成立同年推出深度神經網路處理器（NPU）1A，奠定了其在人工智慧晶片的發展基礎。寒武紀在獲得了中科院的天使輪投資成立，而後在 2016 年 8 月 pre-A 輪募資時獲得了科大訊飛、元禾原點、湧鏵投資的投資，2017 年 8 月的 A 輪投資除了上述的業者持續投資外，再獲得了阿里巴巴、聯想、國科投資、中科圖靈等業者共 1 億美元的投資，成為人工智慧晶片領域的獨角獸企業，2018 年 6 月再度進行 B 輪募資，強大的資金吸引能力讓寒武紀的發展受到關注。

1. 產品：從終端到雲端全面布局

寒武紀目前共有二條產品線，分別為智慧終端應用、雲端應用。在終端應用的部分，寒武紀的產品包含 1A、1H8、1H16、1M。1A 為寒武紀 2016 年推出針對深度學習應用的處理器，可達到每秒 5,120 億次半精度浮點運算，支援語音辨識、機器視覺等應用，協助手機、機器人、攝影機等提升智慧化能力。在寒武紀 2016 年推出 1A 後，2017 年華為發布整合人工智慧功能的手機 SoC 晶片 Kirin970（10nm

製程），便是整合了寒武紀的 1A 處理器 IP，擔任人工智慧運算加速器的角色。

　　1H 系列為寒武紀的第二代產品，1H8 主要針對視覺領域，如拍照輔助、圖片處理等功能，在運算能力方面提供 1T/2T/4T/8TOPS 等不同的配置讓客戶選擇，鎖定攝影機、無人機、智慧駕駛等應用，而 1H16 則是 1A 處理器的升級版，支援視覺、語音辨識、自然語言處理等功能，搭載於華為 2018 年推出的 Kirin980 手機 SoC 晶片當中。在推出 1H 系列的同時，寒武紀也展現了往車用領域發展的企圖心，推出 1M 系列，其運算效能為 5TFLOPS/W，可依客戶需求提供 2T/4T/6T/8TOPS 等不同的配置。

　　除了終端應用外，寒武紀近期積極往雲端布局，2018 年 5 月寒武紀推出 MLU100 處理器，其運算效能最高可達 128TOPS，採用台積電 16 奈米製造，以雲端推論應用為目標市場，目前已和多家中國大陸伺服器業者合作。

表 5-7　寒武紀產品列表

	1A	1H8	1H16	1M	MLU100
終端／雲端	終端	終端	終端	終端	雲端
運算能力	0.5TFlops	1T/2T/4T/8TFlops	未公布	5TOPS/watt（2T/4T/8T）	128TOPS
製程	10 奈米	未公布	未公布	7 奈米	16 奈米
應用領域	視覺、語音	視覺應用	視覺、語音	車用	雲端推論

資料來源：資策會 MIC 經濟部 ITIS 研究團隊整理，2019 年 7 月

　　此外寒武紀亦發布自己的軟體平台 Cambricon NeuWare，以及神經網路專用指令集 Cambricon ISA，Cambricon NeuWare 開發平台包含軟體開發、性能優化、功能調試等三個工具包，支持 TensorFlow、Caffe、MXNet 等主流的人工智慧框架，以提供開發者更好的開發環境。

2. 市場：客戶拓展速度緩慢，未來仍充滿挑戰

寒武紀在終端人工智慧晶片最主要的客戶即為華為，透過華為搭載 Kirin970 晶片的手機 Mate10，讓寒武紀的商品成功銷往市場，成為中國大陸第一間人工智慧晶片量產的業者。而在雲端伺服器的部分，寒武紀則是與中科曙光、聯想、浪潮等業者密切合作，中科曙光以寒武紀的架構為基礎，開發針對雲端推論應用的伺服器產品 Phaneron，不同於一般的伺服器強調的是在雲端學習，Phaneron 強調的是在雲端推論的低延遲性，應用領域包含安全監控、影音娛樂、製造、金融領域等。

雖然寒武紀積極的拓展其應用領域，然而目前實際有搭載寒武紀產品並出貨的終端產品並不多，而最大宗的華為手機晶片也在 2018 年 10 月華為海思發布自己的人工智慧晶片後，未來合作關係恐生變，未來寒武紀的市場推廣仍充滿著挑戰。

表 5-8　寒武紀產品推廣概況

產品名稱	1A	1H16	1M
已搭載的產品	華為海思 Kirin970 晶片（手機 Mate10、P20、榮耀 10）	華為海思 Kirin980 晶片（手機 Mate20）	中科曙光伺服器 Phaneron 聯想伺服器 ThinkSystem SR650 浪潮伺服器 NF5280M5 海高汽車智慧駕駛運算控制單元 WiseADCU CN1

資料來源：資策會 MIC 經濟部 ITIS 研究團隊整理，2019 年 7 月

（四）地平線機器人科技

2015 年於北京成立，為人工智慧晶片及演算法業者，目前在北京、南京、深圳、上海設有研發中心，創立之初團隊成員皆為互聯網的背景，創辦人余凱為前百度研究院執行院長，曾領導團隊進行多媒體技術、影像搜尋技術的開發，因此地平線機器人科技（後簡稱地平線）是以演算法結合晶片的角度出發，發展從晶片、演算法等一體整合的嵌入式方案供應商，提供的是「應用場景的平台」，而並非僅是硬體運算平台，希望透過自身的技術實力，協助系統整合商、設備廠

商發展智慧化的解決方案,實現智慧城市、智慧零售、智慧駕駛等應用情境。

地平線在成立後三個月即完成了首輪融資,獲得了晨星資本、高瓴資本、紅杉資本、金沙江創投、線性資本、創新工廠和真格基金等單位的投資,2016年4月完成數千萬美元的Pre-A輪募資、2016年7月完成A輪募資、2017年10月完成A+輪的募資。

1. 產品:軟體定義硬體,發展整合演算法及晶片的解決方案

地平線的產品以影像識別核心與自主研發的人工智慧晶片架構整合,搭載於無人駕駛車輛和智慧攝影機上,進而實現智慧城市(安全監控)、智慧零售、智慧駕駛等應用場景。其人工智慧晶片架構每年更新一代,根據目前地平線公布的路線圖,其人工智慧晶片共有三個架構,第一代為2017年發布高斯架構,其影像處理能力為1080p @30fps,可針對目標物進行檢測、識別、跟蹤,以第一代架構為基礎,地平線推出了兩個晶片方案,分別為征程(Journey)1.0及旭日(Sunrise)1.0,征程1.0以運算行人、汽車、車道線、交通標誌、交通號誌的辨識演算法為主,可實現車輛在行駛過程中的視覺感知需求,而旭日1.0以運算人臉抓拍及辨識的演算法為主,可協助攝影機業者提升智慧化程度應用在零售、安全監控等領域,2018年4月地平線也基於旭日1.0發表具備人工智慧功能的網路攝影機 HR-IPC2143。

第二代架構為伯努利架構,與第一代架構相比,第二代架構可同時處理6到8路1080p @30fps的影像輸入,並支援多感測器融合,以第二代架構為基礎,地平線發布了搭載征程2.0處理器的Matrix自動駕駛平台,以及搭載旭日2.0處理器架構的XForce邊緣人工智慧計算平台。Matrix自動駕駛平台可實現多感測融合,透過Matrix360°視覺感知方案,搭配魚眼攝影機、窄角攝影機等可實現無死角的感知檢測,而XForce邊緣人工智慧計算平台主要是針對安全監控的應用,可以實現目標檢測、目標跟蹤、人臉辨識、人體骨骼點檢測、人體行為辨識等功能。

表 5-9　地平線產品列表

產品名稱	旭日 1.0	征程 1.0	XForce 邊緣人工智慧計算平台	Matrix 自動駕駛平台
產品型態	晶片	晶片	平台（基於旭日 2.0 處理器架構）	平台（基於征程 2.0 處理器架構）
運算能力	1 TOPS	1 TOPS	未公布	2.5 TOPS
功耗	<2W	1.5W	35W	31W
應用領域	智慧攝影機	Level 2 的駕駛輔助系統	智慧城市、智慧零售	Level 4 的自動駕駛

資料來源：資策會 MIC 經濟部 ITIS 研究團隊整理，2019 年 7 月

2. 市場：鎖定安全監控、零售、汽車應用

　　基於其晶片及演算法，地平線以解決方案的方式切入智慧城市、智慧零售、智慧駕駛等市場，其客戶以設備製造商、系統整合服務商為主。在智慧城市的部分，地平線提供安全監控解決方案，可進行人臉抓拍、辨識、屬性分析、從數百人中辨識特定人物等功能，與安全監控服務商合作，目前已取得多個地區的智慧城市建設，如上海市臨港地區智慧交通建設、南匯新城智慧城市建設、湖南省長沙市湘江新區智慧交通建設。

　　在智慧零售的部分，地平線提供實體商店數位化的方案，讓零售業者能透過影像進行客流分析、商品分析、人員管理等，客戶包含百麗國際、永輝超市、龍湖地產、建投書局、Kappa。

　　在自駕車解決方案的部分，地平線以駕駛輔助系統切入市場，客戶以車隊、車廠、Tier 1 供應商為主，目前合作夥伴包含 Audi、Bosch、長安汽車、比亞迪、上汽集團等，如地平線與 Audi 於 2018 年 4 月的車展上展示合作研發的 Level 4 自駕車，未來希望透過持續的合作推動 Audi 自動駕駛在中國大陸市場的發展。

（五）深鑒科技（已被 Xilinx 收購）

2016 年於北京成立，創辦團隊皆為北京清華大學出身，擁有深厚的技術基礎，不同於寒武紀以晶片 IP、地平線以晶片整合演算法的解決方案，深鑒科技的核心技術為人工智慧模型壓縮、編譯器平台，透過深鑒科技的壓縮軟體、編譯器等開發工具，讓客戶的演算法經過優化後能在深鑒科技的 DPU 平台（FPGA）上運算。除了軟體開發工具之外，深鑒科技亦陸續發布視覺分析模組、人工智慧 ASIC 等產品。

深鑒科技成立之後亦獲得投資市場的關注，成立後獲得來自高榕資本、金沙江創投的天使輪投資，2017 年 5 月獲得來自 Xilinx、聯發科、清華控股、方和資本的 A 輪投資，同年 7 月獲得來自螞蟻金服、Samsung 的 A+輪投資，可以觀察到科技大廠 Xilinx、聯發科、Samsung 都曾投資深鑒科技，其發展備受關注。2018 年 7 月深鑒科技被 FPGA 大廠 Xilinx 收購，收購後仍在其北京辦公室繼續營運，成為 Xilinx 大中華區的一部分。

1. 產品：神經網路壓縮技術整合 Xilinx FPGA 平台

深鑒科技的產品分為開發工具、模組、晶片等。在開發工具的部分，神經網路深度壓縮技術為深鑒科技成立的核心技術，以此技術深鑒科技發布了深度壓縮工具 Decent，以及神經網路編譯器 DNNC，Decent 融合了神經網路剪枝（pruning）技術，對人工智慧模型進行壓縮，壓縮過後的模型再透過編譯器 DNNC 映射到 DPU 平台上進行運算，協助客戶透過開發工具進行模型優化，發揮硬體平台的最佳效能。

在模組的部分，深鑒科技推出了針對前端攝影機的人臉檢測識別模組 DP-1200-F16，以及在後端的人臉分析解決方案 DP-2100-F16、視頻結構化解決方案（人、車的辨識、跟蹤、屬性分析）DP-2100-O16，三者皆是以 Xilinx 的 FPGA 為平台，整合深鑒科技的人工智慧演算法及 Aristotle 架構。

表 5-10　深鑒科技產品列表－模組

產品名稱	人臉檢測識別模組 DP-1200-F16	人臉分析解決方案 DP-2100-F16	視頻結構化解決方案 DP-2100-O16
架構	\multicolumn{3}{c}{Aristotle（深鑒科技自主研發架構）}		
平台	Xilinx Zynq-7020	Xilinx Zu9	Xilinx Zu9
功耗	5W	20-30W	20-30W
功能	人臉識別、黑／白名單管理	人臉特徵辨識、黑名單、人臉比對、人臉查詢、以圖搜圖	車輛辨識、型號辨識、車牌辨識、人臉辨識、跟蹤

資料來源：資策會 MIC 經濟部 ITIS 研究團隊整理，2019 年 7 月

在人工智慧晶片的部分，深鑒科技於 2017 年產品發表會時，宣布將推出聽濤人工智慧 SoC 晶片，以低功耗、嵌入式的應用為主，聽濤運算能力為 4.1TOPS，功耗僅 1.1w，採台積電 28nm 製程，並預計 2018 年第三季上市。然而直到深鑒科技被 Xilinx 收購前都未在發表進一步的產品消息，後續人工智慧晶片的動態仍有待觀察。

2. 市場：從無人機轉向安全監控市場

最初深鑒科技以無人機、機器人切入點，提供視覺相關的解決方案，如 2016 年以 Xilinx 的 Zynq FPGA 為平台，與無人機業者零度智控合作，提供多人追蹤、姿勢辨識的解決方案，成功獲得零度智控數萬台的訂單，然而後續在無人機市場的發展並不順利，因而轉為以安全監控領域為主，將自己定位為安全監控廠商的人工智慧方案供應商，協助安全監控廠商發展智慧化應用，客戶包含影像監控管理平台業者東方網力、智慧交通系統業者川大智能等。此外深鑒科技也切入語音應用的市場，如與搜狗合作，在搜狗發展翻譯服務時提供語音辨識加速的服務。

在被 Xilinx 併購之前，深鑒科技的市場以無人機、安全監控、網路服務領域為主，被併入 Xilinx 後，在市場發展定位及客戶拓展狀況尚未有新的進展，後續發展動態可持續關注。

（六）業者產品及應用比較

1. 產品：主要業者雖都有人工智慧晶片產品，然切入角度不同

華為海思、寒武紀、地平線機器人、深鑒科技雖然都被稱為人工智慧晶片的業者，也都各自發表了其晶片產品，但在產品型態上卻大不相同。

華為海思將人工智慧晶片作為其人工智慧戰略的一環，提供從雲端到終端的人工智慧開發平台，晶片為其方案的一部分，透過服務或解決方案的形式向客戶銷售。寒武紀以人工智慧晶片及 IP 為主，客戶為 IC 設計業者或是設備廠商，提供的是人工智慧的硬體運算平台，本身並不開發人工智慧的應用，因此其平台能夠廣泛通用於影像、語音辨識的應用，助力中國大陸人工智慧演算法的業者。

而地平線機器人以視覺應用為出發點，發展整合人工智慧演算法晶片的解決方案，其產品在晶片之外亦整合了影像辨識的演算法，透過自身訂製的晶片提升硬體平台的運算效能，而能以較低的功耗實現終端人工智慧應用，從解決方案的角度切入也讓其直接與垂直應用客戶進行合作。

深鑒科技的技術核心為演算法及編譯器，整合 FPGA 提供解決方案，演算法業者能利用深鑒科技的開發工具能將其模型優化，在深鑒科技的 DPU 平台（Xilinx FPGA）上實現運算，而後深鑒科技亦發展影像辨識的演算法，整合成解決方案拓展無人機、安全監控市場。

2. 應用：視覺為大宗，然並未針對不同應用情境提供差異化產品

觀察四個業者的產品，除了華為海思因為集團本身有手機產品，因此投入發展手機 SoC 之外，其他人工智慧晶片新創業者的產品以視覺應用為大宗，其中又以安全監控及自駕車應用為業者主要投入的方向，包含地平線機器人以智慧城市（安全監控）、智慧零售、智慧駕駛為主要的應用，深鑒科技亦從無人機轉向往安全監控市場發展。

而業者皆投入安全監控應用的原因不外乎中國大陸有龐大的國內市場，終端設備廠商對於人臉辨識、車牌辨識等需求明確，吸引廠商投入。然而雖然大量的影像成為廠商練兵的基礎，但在城市監控、零售商業分析等不同的應用目的下，在環境、需要辨識的項目亦會有所不同，而觀察目前廠商所提出來的功能皆大同小異，其所提出來的解決方案是否真的能符合終端應用的需求仍有待觀察。

（七）結論

1. 影像應用市場雖大但競爭激烈，新創業者整合影像辨識演算法以與既有影像晶片業者競爭

　　影像應用為中國大陸業者投入的大宗，然而安全監控攝影機已有既有的影像晶片供應商，如華為海思在中國大陸市場有超過一半的占有率，新創業者進入不易。因此可以觀察到地平線機器人、深鑒科技並不是以晶片的角度切入，而是整合影像辨識演算法，提供演算法加晶片的解決方案給不具備影像辨識模型研發能力的業者，不僅能與既有晶片廠商的客戶進行區隔，整合自身演算法的專用晶片亦能有較好的效能表現，提供終端智慧應用的實現可能性。

2. 設備業者、服務業者亦投入晶片開發，人工智慧晶片業者未來市場拓展飽受威脅

　　不論是寒武紀、地平線機器人或是深鑒科技，在成立之初即募得了大量的資金，讓中國大陸的人工智慧晶片業者備受關注。然而在產品發布之後，後續在產品的推廣上仍備受挑戰，包含寒武紀未來和華為合作關係不明、深鑒科技一開始在無人機的客戶推廣上亦不順利，促使兩者轉往其他的應用發展，寒武紀開始拓展伺服器市場、深鑒科技在被併購前也轉往安全監控市場發展。觀察目前主要人工智慧應用的產品，包含手機、攝影機、伺服器等，這些終端設備的廠商亦自行投入資源研發人工智慧晶片，如華為發布了自己的人工智慧晶片架構；網路服務廠商百度、阿里巴巴、騰訊也都有各自的晶片研發計畫；攝影機業者海康威視、浙江大華也投入晶片的研發，新創業者如

何在前有設備業者的挑戰、後有晶片業者的競爭下生存，未來發展性仍有待觀察。

3. 開發平台的易用性為晶片業者能否成功拓展市場的關鍵

在各大晶片業者積極投入開發人工智慧晶片的背景下，除了持續提升晶片的運算效能之外，提供將演算法模型植入晶片的開發工具，簡化演算法業者導入平台的門檻也是業者能否拓展客戶的關鍵。因此以晶片為主要產品的業者，如華為海思、寒武紀等皆建立自己的軟體開發平台及開發環境，提供模型優化、軟體編譯器等開發工具。此外可以觀察到華為海思不僅提供開發工具，亦提供從雲端到終端的開發環境，讓開發者可以在同一個人工智慧平台上進行模型的建立、協同合作等，對於人工智慧模型開發者來說將更具彈性，也希望能藉此吸引開發者的加入。因此在開發平台之外，不同應用場景的轉換、生態系的完整程度亦將是產品能否受客戶青睞的關鍵。

四、協作型機器人於工廠之應用發展趨勢

自 2010 年德國率先提供「工業 4.0」概念後，智慧製造、智慧工廠等相關議題在全球逐漸延燒，主要製造大國也陸續推出智慧製造相關議題的發展政策，例如：美國為了提高製造能力，加速製造業回流美國，而於 2011 年提出「先進製造夥伴計畫（Advanced Manufacturing Partnership，AMP）」、中國大陸的「中國製造 2025」、南韓的「製造業創新 3.0 戰略」、日本的「再興戰略 2016」和最新提出的「Society 5.0」，以及臺灣的「智慧機械」等，顯示各國對智慧製造、智慧工廠發展的重視與決心。而無論是智慧製造或是智慧工廠，其概念涵蓋範疇包含：機器人、自動化設備等智慧設備與系統、物聯網、大數據蒐集分析、人工智慧等。

此外，臺灣 65 歲以上人口已於 2018 年初超過 14%，正式邁入高齡社會，人口結構變化快速朝向高齡、少子化趨勢發展。高齡、少子化的社會結構將面臨勞動力不足之困境、專業技能失傳之風險，對於產業、經濟發展造成極大的壓力。而同樣面臨高齡少子化危機的日

本，正積極發展機器人，期望機器人可活用於各產業中，以解決勞動力短缺之問題。

然而，機器人、自動化設備等在產線之應用發展已相當成熟，機器人等設備主要是透過程式編程控制所需執行之工作，屬於固定且重複性高之作業內容。但是隨著產業轉型，訂單需求朝向少量多樣、客製化發展，工廠對於產線稼動率、生產良率、備料庫存等生產流程管理的掌握，不再只能依靠自動化，更需要智慧化之應用。而可靈活、彈性調整生產作業的協作型機器人，更能符合現在及未來產業之需求，因此，協作型機器人在工廠之應用備受期待與矚目，也是機器人廠商積極發展之產品線。

（一）協作型機器人發展現況

過往工廠產線內的機器人因安全性考量，都被隔離在安全柵欄中獨立進行固定、重複之作業，並且每台機器人可執行的作業內容也較為單一，因此產線若有太多作業程序，則會需要多台機器人支援，如此也會需要更大的作業空間，對工廠而言將會是一筆較大的成本支出。此外，隨著勞動人口逐步下滑、少量多樣的彈性生產需求增加，不需使用安全柵欄可與人和平共處、可一機多工的「協作型機器人」需求提高，其發展備受期待。

1. 安全性為發展之基礎條件

協作型機器人與一般工廠內應用的工業型機器人最大的不同，在於能不受安全柵欄的限制、與人共處完成作業程序，而機器人要走出柵欄的限制，安全性為關鍵要素。國際標準組織於2016年發表最新機器人技術規範 ISO／TS 15066，作為 2011 年公布的 ISO 10218「工業機器人安全要求」標準（規定人進入安全柵欄時機器人必須處於電源關閉停止作業的狀態）的補充文件。ISO／TS 15066 詳細定義協作型機器人設計與安裝要求，以及安全風險評估準則，而機器人製造商、零件開發商則可依循此規範進行研發設計，確保人與協作型機

器人共處的安全；而 ISO／TS 15066 的規範亦可望加速協作型機器人普及應用於工廠生產環境中。

表 5-11　ISO／TS 15066 對協作型機器人的操作類型與相應安全措施規範

四種協作操作類型	降低風險的主要作法
安全及監控停止 （Safety-rated monitored stop）	當操作者處於協作場域時，禁止機器人運動
手動引導 （Hand guiding）	通過操作者直接輸入指令控制機器人運動
速度與距離監控 （Speed and separation monitoring）	機器人與人的距離大於最小安全距離，以及人離開時才會啟動
功率與力的限制 （Power and force limiting）	人機接觸時，機器人僅能施加受限的靜態和動態壓力

資料來源：資策會 MIC 經濟部 ITIS 研究團隊整理，2019 年 7 月

2. 感測、控制性為應用普及之關鍵

　　機器人從護欄中解放出來朝向協作型機器人發展，主要受惠於機器人對周遭人、物等環境變化的感知能力及對自身控制能力的提升。透過視覺、運動和觸覺等感測器強化協作型機器人功能，並賦予協作型機器人靈活的反應能力。再加上執行工作精度的穩定性、移動位置與速度等控制性均逐步提高，讓協作型機器人不僅可與人共處同一工作場域進行定點協調工作，亦可朝向完全融入作業員的作業場域中。如圖 5-12 所示，現階段協作型機器人與人協作仍以定點作業居多，其中又可分為同一區域或不同區域的作業場域。而目前協作型機器人於工廠之應用，是以與人的協作場域分開之應用為大宗。預期隨著感測器、控制演算法的進步，將可讓協作型機器人與人共同作業的模式不再受限，可更活躍於工廠運作環節中。

圖 5-12　協作型機器人發展路徑

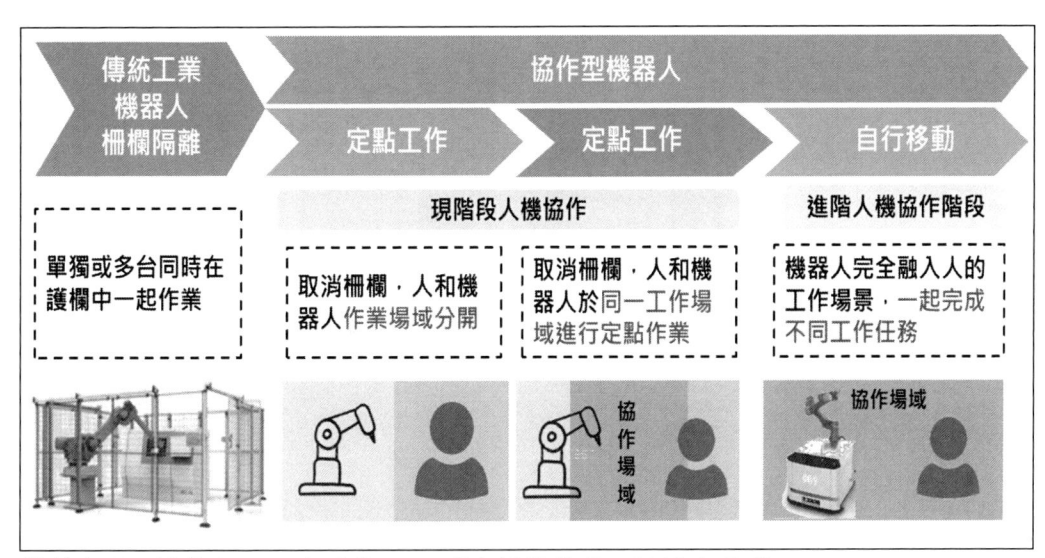

資料來源：資策會 MIC 經濟部 ITIS 研究團隊整理，2019 年 7 月

3. 大廠積極投入新藍海

協作型機器人可以減輕作業員的工作負擔、縮短生產時間、縮短生產線及減少生產所需的空間等優勢，是機器人的新藍海，而各大機器人廠商包含：ABB、KUKA、FANUC、YASKAWA、KAWASAKI 等無不積極投入研發生產。協作型機器人因為需要融入與人協作的生產領域中，不同於在自動化產線上常見的大型機器人，其體積較小，因此可搬運物體重量也有所限制，大多落在 3～10 公斤，而自由度則約為 6～8，手臂則多以單臂型態為主。

不過為了增加協作型機器人的應用情境，以及更貼近「人」的動作模式，廠商推出雙臂型態協作型機器人，而雙臂是透過同一個控制器控制，可分開獨立作業也可共同完成一項工作，應用效率與彈性高於單臂協作型機器人。

再者，提高自由度也可增加機器人動作的靈活度，但是自由度的提高也會增加機構的複雜度，因此目前協作型機器人的自由度多接近人類手臂的 7 個自由度，而 ABB 的 YUMI，是兩個手臂各為 7 個自由度，再加上腰部一個自由度，一共 15 個自由度。

此外，為了因應更多應用情境，提高協作型機器人在產線的能見度，廠商開始增加協作型機器人的產品線，以增加協作型機器人搬運可承受的重量、手臂移動範圍等。例如：FANUC 的 CR-35iA 可承受搬運 35 公斤物體，遠勝過其他協作型機器人，可同時顧及安全性以及可搬運重物之能力。

表 5-12　深機器人主要大廠推出之協作型機器人規格

廠商－產品名	圖片	可搬重量（公斤）	手臂可移動距離（mm）	自由度	手臂
ABB-YUMI		1（0.5*2）	500	15	雙臂
KUKA-LBR iiwa 7 R800/ iiwa 14 R820		7/14	800/820	7	單臂
FANUC-CR-4iA/CR-7iA/ CR-35iA		4/7/35	500/717/1813	6	單臂
YASKAWA-MOTOMAN-HC10		10	1,200	6	單臂
KAWASAKI-duAro		4（2*2）	760	8	雙臂
Universal Robots-UR3/UR5/UR10		3/5/10	500/850/1,300	6	單臂

資料來源：資策會 MIC 經濟部 ITIS 研究團隊整理，2019 年 7 月

（二）企業應用案例

協作型機器人因具備體積小、動作靈活、節省工作空間等特性，可一機多工，有效縮短產生線。一般工廠在接到訂單後，開始備料、進料，接著進入生產製造流程，而在生產製造的過程中，為確保產品的品質，同時也會進行品質檢測，最後則是將成品裝箱，準備入庫或是出貨完成訂單交易。而在此流程中，協作型機器人在生產製造、品質檢測及成本裝箱等流程中，可扮演關鍵生產力之角色。

以下將針對日本化妝品品牌花王在愛知縣豐橋工廠導入 KAWADA 的 NEXTAGE 雙臂協作型機器人的應用案例，研析協作型機器人於工廠之應用發展。

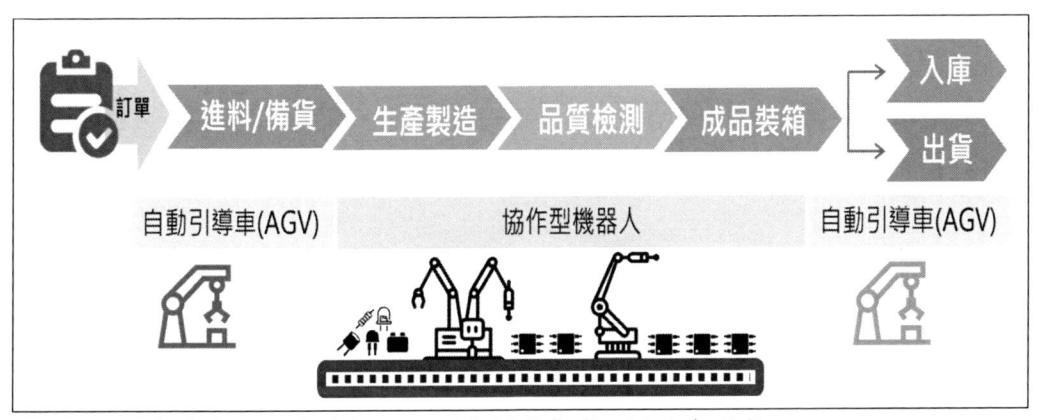

資料來源：資策會 MIC 經濟部 ITIS 研究團隊整理，2019 年 7 月

圖 5-13　工廠生產作業流程

1. 面臨之困境：勞動力短缺、商品包裝多樣化

花王的化妝品、肌膚保養等美妝產品是其核心事業，其位於愛知縣的豐橋工廠生產包含品牌 Biore 在內，共 500 多種肌膚、頭髮等保養產品。而針對防曬乳等屬季節性的商品，生產期短及產品包裝多樣化，過往都依賴人力進行生產、包裝，但在勞動力逐漸不足的情況下，面對防曬用品需求較大的旺季，工廠要增加人手也將越來越困難。

再者，為了提高消費的目光，讓消費者對產品有新的感受，花王每年都會改變商品包裝設計，因此產品包裝的變動頻率高、商品多樣化，如此也提高了產品生產包裝的成本負擔。

然而，花王早於 20 年前就導入機器手臂等自動化設備於生廠的生產環節中，進行較為單一重複的作業，例如將防曬乳液狀的內容物填充進容器中。但此作法並無法因應目前花王面臨的勞動力短缺、商品包裝多樣化等困境，因此花王期望透過更具生產彈性的協作型機器人解決上述之問題。

2. 應用於商品包裝、品質檢測流程

花王將防曬乳產品包裝流程分為兩部分，第一次包裝是指將防曬乳液狀的內容物填充進容器中，第二次包裝則是透明膠膜包覆在容器的正面，厚紙板放在容器的背面，再將兩者貼合。第二次包裝程序主要是由包裝機處理，花王導入 KAWADA 的 NEXTAGE 雙臂協作型機器人主要是執行第二次包裝前後的作業程序，包含：確認商品上印有序號、將填充好的瓶子提供給包裝機、將包裝好的商品進行裝箱等作業程序。

花王分別導入三台 NEXTAGE 雙臂協作型機器人進行第二次包裝前後的作業程序，而三台 NEXTAGE 分別執行不同的工作項目，如圖三所示。作業員 1 將已經裝入防曬乳液狀內容物的瓶子放置輸送帶上的箱子中，NEXTAGE 1 透過頭部的攝影機辨識箱子中商品擺放的位置並揀起。而當 NEXTAGE 1 揀起商品時，外部兩台攝影機會對商品正反兩面進行拍攝，當偵測到「SPF50＋」的字樣，則表示為商品正面；外部攝影機同時也會偵測商品底部是否有印上序號。NEXTAGE 1 會將印有序號的商品正面朝上放置輸送帶上，而無序號的商品則會放入品管檢驗箱中，空箱則放置旁邊的回收箱。

NEXTAGE 1 協助將商品正面朝上放置輸送帶後，商品進入第二次包裝流程，完成紙板與塑膠膜貼合之程序。而完成包裝的商品透過輸送帶至 NEXTAGE 2，NEXTAGE 2 同樣透過頭部的攝影機辨識商

品位置,並透過雙臂上的吸附式夾具,左右手臂各吸取一個商品,將兩個商品背對背(紙板靠著紙板,節省裝箱的空間),如圖5-14所示,一同擺放進包裝箱中,再由作業員2進行出貨準備。

此外,NEXTAGE 2 旁配有一台外部攝影機,協助檢測商品包裝的正確性,攝影機偵測商品瓶身上的「Biore UV」字樣與紙板的位置,判斷包裝是否有偏移的瑕疵,若商品有瑕疵則從生產線上剔除。

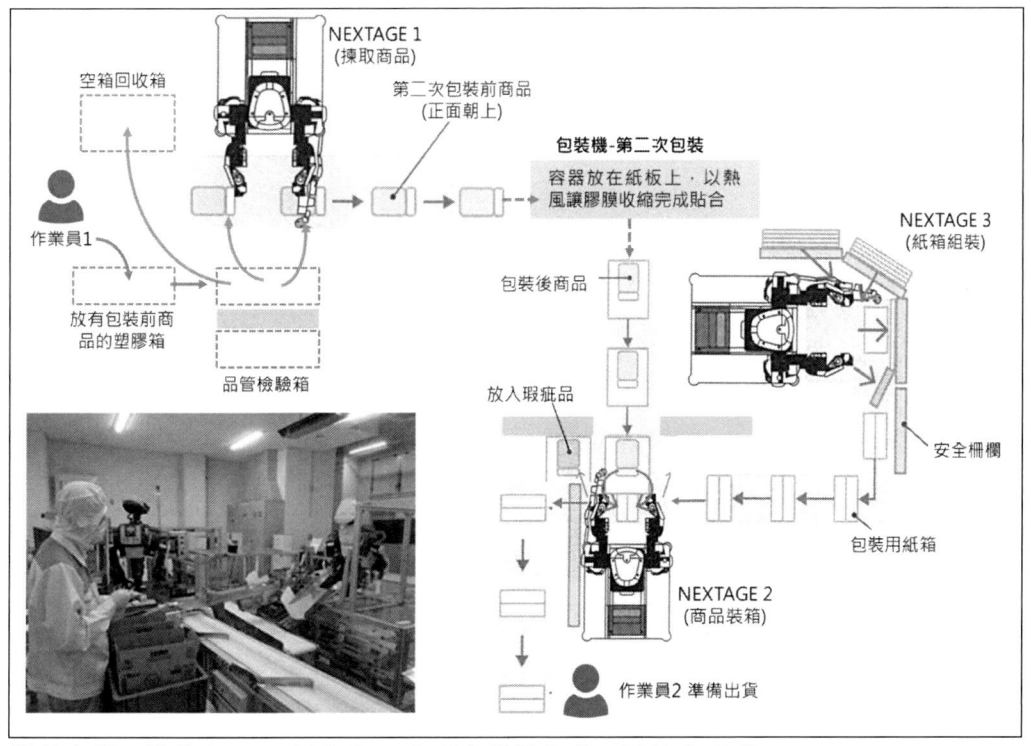

資料來源:資策會MIC經濟部ITIS研究團隊整理,2019年7月

圖 5-14 花王豐橋廠導入 NEXTAGE 雙臂協作型機器人於生產包裝流程

而包裝箱則是由 NEXTAGE 3 負責組裝,此步驟有外在輔具協助 NEXTAGE 3 完成紙箱的組裝,平均一個紙箱僅需 50 秒即可組裝完成。而每個紙箱的大小、形狀不一,主要是藉由 NEXTAGE 3 頭部的攝影機辨識紙箱上的條碼,以確認紙箱規格。

圖 5-15　NEXTAGE 雙臂協作型機器人檢測與包裝商品

資料來源：資策會 MIC 經濟部 ITIS 研究團隊整理，2019 年 7 月

表 5-13　NEXTAGE 雙臂協作型機器人於花王工廠之用途

協作型機器人	主要用途	手臂型式	影像辨識
NEXTAGE 1	➢ 揀取箱子中的商品 ➢ 將商品正面朝上放置輸送帶上 ➢ 確認商品底部有無序號，將無序號的商品放入品管檢驗箱中 ➢ 空箱移至回收箱中	左右對稱、帶有吸附功能的兩指夾具	● 頭部攝影機辨識箱子中商品位置 ● 外部攝影機辨識商品正反面 ● 外部攝影機辨識商品底部的序號
NEXTAGE 2	➢ 確認商品包裝有無瑕疵，將瑕疵品移出包裝線 ➢ 將兩個商品背對背，並放置包裝箱中	左右對稱、帶有吸附功能的夾具	● 頭部攝影機辨識商品位置 ● 頭部攝影機辨識紙箱的位置 ● 外部攝影機辨識商品包裝有無瑕疵
NEXTAGE 3	➢ 確認包裝箱規格，並組裝包裝箱	左右非對稱	● 頭部攝影機辨識紙箱上的條碼

資料來源：資策會 MIC 經濟部 ITIS 研究團隊整理，2019 年 7 月

（三）未來發展趨勢

1. 能力不斷提升，朝向單機多工發展

協作型機器人具備縮短生產線及減少生產所需空間等優勢，而為了更彰顯協作型機器人的應用優勢，協作型機器人將朝「單機多工」多功能發展。因此，透過導入視覺辨識，讓機器人不僅有雙手可執行作業，同時具備雙眼可觀察、辨識周遭環境或是商品內容等。

如上述花王愛知縣豐橋工廠之應用案例，藉由具有吸附及手指的多功能手臂、頭部及外部攝影機的搭配應用，讓一台協作型機器人在包裝商品的同時，也可進行商品品質之檢測。然而，現階段協作型機器人雖已從安全柵欄中解放，但與人協作的許多應用仍侷限於定點工作；不過也可觀察到協作型機器人與作業員可於同一工作場域進行定點作業，如同花王愛知縣豐橋工廠之案例，不再是人和機器人作業場域分開之協作模式。

預期未來感測器、控制演算法持續的進步，協作型機器人執行工作精度的穩定性、移動位置、速度等的控制性逐步提高，讓協作型機器人可由定點工作朝向自行移動，提高其機動性；甚至透過人工智慧技術協助機器人應對環境的不確定性，能完全融入作業員的工作環境中。在雙眼、雙手、雙腳的應用搭配之下，協作型機器人能力不斷提升，使用限制不斷降低，單機即可進行複雜、多工的作業程序。

2. 透過「學習力」降低技能失傳之風險並提高生產效率

一般工業型機器人的導入門檻較高，需要專業工程師針對機器人進行編程、設定與維護等作業，並且若要更改機器人作業程序，在設定上往往需要耗費大量時間與資源。相較之下，協作型機器人編程簡易，目前其移動的軌跡編程主要可透過簡易理解的圖形化編輯程式，或是藉由真人步驟式導引，紀錄動作軌跡，讓協作型機器人可重複執行固定動作，但部分較細膩的動作仍須透過程式控制。

然而，為了提高協作型機器人應用的彈性靈活，領導大廠開始嘗試藉由人工智慧機器學習技術，協助協作型機器人適應環境的任何變動，即是賦予其更強的學習力。尤其在面對高齡化、勞動力短缺的

未來，技術熟練者陸續退休，許多技能、技術將面臨失傳的困境，而協作型機器人可藉由人工智慧機器學習技術學習工匠、職人熟練的手上功夫，並透過此學習力，將所學會的技術移轉至其他協作型機器人，甚至是作為新員工的培訓工具，讓技術在人與機器人之間無痛轉移，降低因勞動力不足導致專業技能失傳之風險。

例如：日本機器人大廠KAWASAKI於2018年初提出「Successor」一技術應用，讓技術可在人與協作型機器人之間無痛轉移，2018年導入KAWASAKI於西神戶工廠機器人的製造產線中，並於2019年開始全面對外販售。

此外，未來市場核心將趨於以消費者、客戶需求為中心，生產產品生命週期短、客製化、急單等需求增加，對工廠而言生產線經常性的調整將是一大成本壓力。因此，人工智慧機器學習技術賦予協作型機器人更強的學習力，讓協作型機器人可快速適應產線之調整，明顯提高生產效率。

（四）結論

1. 人工智慧技術讓機器人達成真正人機協作

工廠導入協作型機器人無非是期望能發揮其靈活、彈性的特點，可快速適應產線調整之變化，更符合現在及未來產業之需求。不過，目前協作型機器人與人之協作仍以定點作業為主，而隨著其感測、控制能力的提升，人機已可於同一場域中協作。

然而，為了能讓協作型機器人更加融入作業環境中，對於環境的任何變動可即時做出正確的反應，除了感測、控制能力的提升以外，透過人工智慧技術賦予協作型機器人學習能力，可更加靈活、彈性的應用在各作業流程中。

人工智慧機器學習技術讓協作型機器人具備人的雙眼、雙手、雙腿與頭腦，可協助協作型機器人應對環境的不確定性，完全融入作業員的工作環境中；此外，也可協助協作型機器人對於作業流程所需的

專業技能更加熟稔,並且快速適應工作環境。在雙眼、雙手、雙腳的應用搭配之下,協作型機器人能力不斷提升,使用限制不斷降低,達到真正的人機協作。

2. 並非取代人力,而是與人協作創造最高效益

人工智慧技術賦予協作型機器人具備接近人,甚至是優於人的工作能力,但協作型機器人的設計並非是要取代人力,而是要與人共同協作,分擔對人而言較危險、繁瑣、易出錯的工作環節,藉由協作型機器人與人的有效分工,打造安全又有效率的工作環境。

如上述花王工廠導入 KAWADA 協作型機器人之應用案例,協作型機器人在進行產品包裝的同時,亦進行品質檢驗的作業,過往此流程是由作業員人工負責,但長時間注意力難以集中,容易發生檢驗疏失。因此,將此容易有人為疏失之作業環節委由協作型機器人,作業員則可進行其他不枯燥、不易因為重複的動作而造成職業傷害等更有意義的工作,創造有效益的人機協作模式。

3. 需客製化調整,達到最佳的人機合作

工廠導入協作型機器人是期望可藉此提高工作效率、降低人為錯誤發生之機率,但是要讓協作型機器人如同作業員能彈性、靈活的執行商品包裝、品質檢測等作業程序,協作型機器人從手臂型態、夾具、攝影機等設計均需要客製化的調整。不僅如此,在生產線上的作業流程也需因應協作型機器人的作業而有所有調整。

對廠商而言,導入協作型機器人不僅是硬體成本的投入,也需要重新檢視作業流程,以改善、更新作業流程讓協作型機器人可真實融入生產線中,達到改善作業效率之目的。因此,建議廠商在導入協作型機器人前,應先找出需要優先解決的痛點,並評估工廠生產流程中,哪些環節可藉由協作型機器人提高生產效率,而協作型機器人又需要具備何種功能等,進而調整生產線上的作業程序、導入客製化的協作型機器人,逐步而非一步到位的提升工廠作業效率,避免資源錯置,投入太多不需要的成本,而降低導入的意願。

五、南韓智慧工廠推動政策研析

南韓政府為推動產業創新並跟上全球工業 4.0 發展潮流，自 2014 年起發布多項計畫，積極推動南韓製造業中小企業導入智慧工廠。截至 2017 年累積導入家數已達 5,003 家，並設立 2025 年累積導入家數要達 3 萬家之推動目標。

導入智慧工廠的南韓製造業者，不僅產能增加，不良率、製造成本、交貨時間均降低，也因品質提升獲得訂單，年營收及就業機會也都較前一年成長。以下將針對南韓智慧工廠政策推動歷程、發展體系、相關計畫細部作法以及推動成效進行研析。

（一）南韓智慧工廠政策發展歷程及體系

1. 南韓智慧工廠政策推動歷程

南韓智慧工廠政策之規劃與推動，起源於 2012 年 12 月所發布之「第一次關鍵基礎產業振興基本計畫」。2013 年初期由產業通商資源部主導規劃，並協同未來創造科技部、中小企業廳（2017 年 7 月改稱為中小風險企業部）等中央部會共同推動。

2017 年文在寅新政府因應全球工業 4.0 之發展趨勢，設立「第四次產業革命委員會」並直屬總統，積極推動南韓製造業升級，並將「第四次產業革命委員會」列為智慧工廠推動政策之指導單位，配合政府組織改編及業務整合，且考量現階段需要政府支持協助或補助導入的對象，均以資金及技術能量較為缺乏的中小企業為主，故於 2017 年 12 月將智慧工廠推動計畫移出產業通商資源部，自 2018 年起轉由中小風險企業部主導。

表 5-14　南韓智慧工廠推動政策重點歷程

時間	主要政策	主管單位	重要內容
2012.12	發布「第一次關鍵基礎產業振興基本計畫」	知識經濟部	聚焦鑄模、塑型加工等關鍵基礎產業之振興
2013.06	發布「產業創新運動計畫」	產業通商資源部	全製造業，鼓勵大企業輔導中小企業製程創新
2014.06	發布「製造業創新 3.0 戰略」	產業通商資源部	全製造業，目標 2020 年累積達 10,000 家
2015.06	成立「智慧工廠促進團」	產業通商資源部	專責推動及協調機構
2017.04	發布「智慧製造創新願景 2025」	產業通商資源部	全面普及，目標 2025 年累積達 30,000 家
2017.10	成立「第四次產業革命委員會」	青瓦台	由青瓦台（即我國之總統府）直接督導
2018.01	主責機關移至中小風險企業部	中小風險企業部	由中小風險企業部主責推動

資料來源：資策會 MIC 經濟部 ITIS 研究團隊整理，2019 年 7 月

2. 南韓智慧工廠政策推動體系

　　目前南韓智慧工廠之推動體系，主要分成產業政策及推動策略研擬、推動計畫執行及管理、智慧工廠導入等三大層級，分述如下。

　　在產業政策、推動策略之研擬層級部分，參與政策規劃之政府單位包含第四次產業革命委員會智慧工廠工作小組、中小風險企業部、科學技術情報通信部、產業通商資源部等相關中央部會，以及地方政府、地方中小企業廳、地方公協會與民間團體等地方單位。政策及策略研擬過程，先確認地方產業需求，進而依據地方需求及特性研擬適合於當地推廣執行之推動計畫與普及策略。

　　推動計畫（含預算補助、導入諮詢等）之執行及管理層級部分，委由智慧工廠促進團及中小企業技術資訊振興院辦理，並與地方產業園區、科技園區之管理中心合作，提供 10 人以上之製造業中小企業（以下簡稱製造業中小企業）導入智慧工廠所需要的專業知識、技

術諮詢、解決方案、計畫交付與管理等,並由智慧工廠促進團進行所有導入計畫之事後管理及追蹤事宜。

智慧工廠導入單位層級部分,以全國製造業中小企業(約 6 萬 7 千家)為主。製造業中小企業在智慧工廠導入補助計畫公告期間向智慧工廠促進團提出導入申請,智慧工廠促進團再協同專家現場勘查,提出導入方案,簽訂導入合約。在完成導入工程及成效評鑑後,可依據導入等級及實際支出金額,獲得最多 2 億韓元(約 20 萬美元;美元兌換韓元匯率 1:1,000 計算)之智慧工廠導入支出補助。

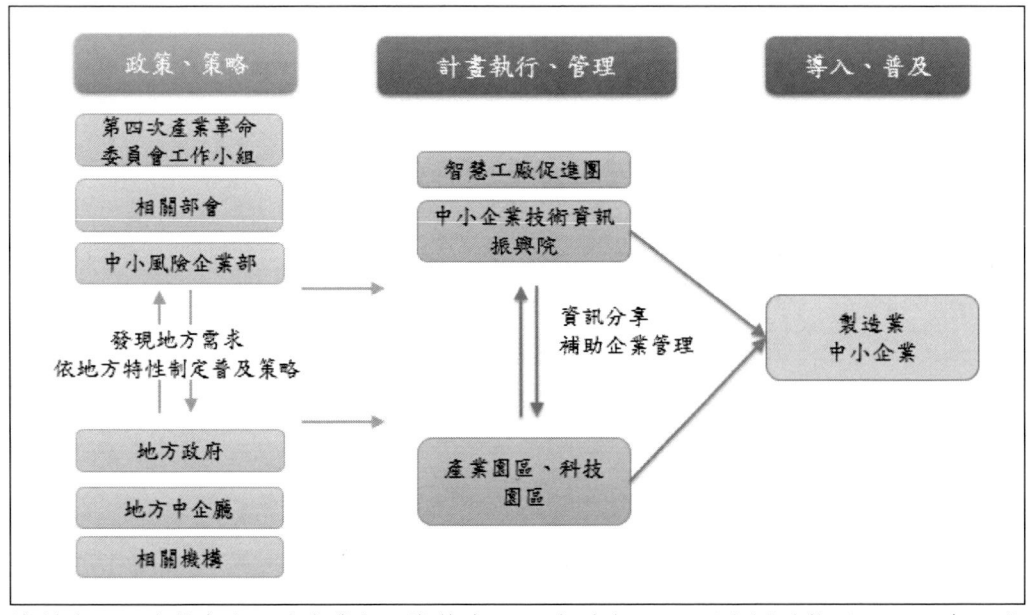

資料來源:南韓中小風險企業部,資策會 MIC 經濟部 ITIS 研究團隊整理,2019 年 7 月

圖 5-16　南韓智慧工廠政策推動體系

3. 南韓智慧工廠分級制度

根據南韓智慧工廠促進團公開資料,南韓智慧工廠建置程度可區分成五級,分別是「無、初階、進階 1、進階 2 與高階」,其說明內容與基本要求整理如下。

表 5-15　南韓智慧工廠推動政策重點歷程

等級	說明	基本要求
高階	➢ 以物聯網、CPS 等系統為基礎，可客製化彈性生產	● 設備、資材、資訊系統可運用有無線網路系統互連 ● 可藉由各自決策的智慧型設備及系統，自主運作工廠產線 ● 全製造過程均整合運作
進階 2	➢ 以資通訊技術、軟體系統為基礎，可即時自動化控制及生產	運用管理系統，自動化控制設備達到即時生產最適化產品開發、產品生產、資材管理等各領域管理系統間可以即時連動
進階 1	➢ 可即時蒐集及監控並產出大量生產資訊	從設備資訊至工廠營運即時監控之流程，均能順暢運作，並能作即時品質分析僅部分領域之管理系統完成連線
初階	➢ 可進行生產履歷追蹤管理	自動蒐集生產績效資訊，並即時掌握資材數量、批次追蹤僅導入設計、營運、庫存、會計等部分管理系統
無	➢ 未導入並運用資通訊系統	僅用 Excel 管理工廠資訊，尚未有任何系統導入

資料來源：資策會 MIC 經濟部 ITIS 研究團隊整理，2019 年 7 月

（二）南韓智慧工廠主要推動政策

觀察歷年南韓推出的智慧工廠相關計畫中，以「製造業創新 3.0 戰略及施行對策」、「智慧製造創新願景 2025」及「智慧工廠擴散與升級戰略」等三項計畫對智慧工廠之推動較為重要，上述三項計畫重點研析如下：

1. 製造業創新 3.0 戰略及施行對策

南韓產業通商資源部於 2014 年 6 月正式發布「製造業創新 3.0 戰略」計畫，戰略方向是運用資通訊軟硬體，創造製造業新興附加價值並確保全球競爭優勢地位，政府則著力於智慧工廠導入友善環境

之建構，提高製造業中小企業導入意願，進而達到製造業創新之目的，同時也初次提出 2020 年智慧工廠累積導入家數要達到 1 萬家之目標。在歷經半年的推動摸索後，南韓政府為強化推動力道並實質展開細部重點工作，以達到 2020 年之目標，進而在 2015 年 3 月提出「製造業創新 3.0 戰略施行對策」。計畫目標、基本方向及推動戰略整理如下表。

表 5-16　南韓智慧工廠推動政策重點歷程

	說明
目標	➢ 實現製造業之創造經濟
基本方向	➢ 方向一：推動生產現場／產品／地方生態系的智慧創新 ➢ 方向二：及早創造成功案例，全面擴散全體製造產業
推動戰略	➢ 戰略一：擴散智慧化生產方式 ➢ 戰略二：創造可代表創造經濟之新興產業 ➢ 戰略三：地方製造業之智慧創新 ➢ 戰略四：推動企業改造、建構創新基礎

資料來源：南韓產業通商資源部，資策會 MIC 經濟部 ITIS 研究團隊整理，2019 年 7 月

(1) 戰略一：擴散智慧化生產方式

作法一：擴散並普及智慧工廠，在不同的產業領域，建構不同智慧化程度的多樣化標竿工廠；依據產業特性，推進產業價值鏈全面智慧化；建構智慧工廠擴散普及基礎，並建立智慧工廠普及推動機制。

作法二：開發八大智慧製造技術，關注八大智慧工廠製造技術間之連結性，並進行策略性投資；開發符合製造業週期、並滿足個別產業智慧製造需求的技術。

作法三：強化製造業軟體能量，擴大高階軟體人力養成，期能在 2020 年培育出 2,000 名高階軟體人才；完善製程、設計等軟體業者之成長基礎環境。鼓勵中小企業引進數位設計軟體；在全國設立 6 個協助中小企業開發產品的設計中心；補助嵌入式軟體開

發,提升中小製造業軟實力。設立製造工程特定區,提供研發補助及入駐優惠等鼓勵措施,鼓勵南韓及國際製造工程業者進駐,提升南韓於智慧工廠領域之製造工程技術力。

作法四:推動生產設備升級投資,補助企業投資及開發於建構智慧工廠及串接各個系統時,所需之先進設備;藉由中古設備競價拍賣及線上交易機制,建構堪用生產設備之交易基礎環境。

(2) 戰略二:創造可代表創造經濟之新興產業

作法一:早期發現智慧融合產品,開發具市場需求之高附加價值核心技術。針對南韓較缺乏的智慧工廠技術,總動員國內產學研技術能量進行開發,也鼓勵產學研等單位積極與法國、德國等技術先進國家進行跨國共同開發。串聯材料商、零組件商、設備商、系統商、製造業中小企業、大企業等整體產業供應鏈業者共同投入技術開發,建構新型態產業生態系,以提早達到商業市場之規模。

作法二:開發並商業化 30 大智慧材料及零組件,早期開發智慧融合產品所需要之 30 大智慧材料及零組件;推動政府及民間單位共同投資,並吸引外國人投資,提高南韓材料競爭力。協助擁有進入障礙高的材料及零組件技術之製造業中小企業,縮短技術商業化時程,並協助對接有採購需求之國際型客戶。

作法三:推動民間研發及實證投資,由民間主導推動未來成長動力領域的「Flagship 專案」;擴大民間企業(包含大企業及製造業中小企業)主導之政府研發計畫項目及預算。擴大技術開發貸款及稅率補助;明確並整合產業發展相關之中央部會及中小企業廳(中小風險企業前身)間之研發補助角色,並擴大技術創業、製程改善等優惠補助。

(3) 戰略三:地方製造業之智慧創新

作法一:藉由創造經濟創新中心活絡製造業創業,擴大對符合創造經濟創新中心所在地方特性的支援創業輔導;以創造經濟創新中心為中心,建構 3D 列印、軟體開發等新興產品之創造基礎

發展環境。活絡創造經濟創新中心創業者與專業生產者間之委外生產媒合服務。調適新創產品通路相關法規，以利創業者能在創業初期創造營業收入，也提供創業者在國內外通路鋪貨協助。

作法二：地方產業園區智慧化，加倍挹注政府在產業園區環境改善基金（南韓政府及民間企業共同出資成立之基金）之出資金額，誘使民間企業也追加投資基金，讓產業園區環境改善基金規模從 135 億韓元（約 1,350 萬美元）提升至 270 億韓元（約 2,700 萬美元）；放寬基金用途限制，規劃在 2016 年以前在全國老舊產業園區中，設立 25 個創新園區及再生園區，以擔任區域創新據點之角色。2017 年前在全國 17 個創新園區成立智慧工廠支援團，以就近協助產業園區進駐企業導入智慧工廠；建構工廠智慧化支援環境，以提高園區整體產能；在 2017 年前至少要有 10 個產業園區導入工廠能源管理系統，減少園區整體耗能。鼓勵大學院校及企業在產業園區設置學院及企業研究所，建構一個方便青年人就職及求學、有利企業創新的園區生活環境。

作法三：育成地方特色智慧新產業，串連地方特色產品育成計畫與智慧工廠普及計畫，提供地方特色業者於資訊網路、生產效能、策略諮詢、自建產線等構面之協助，進而達到即時資訊交換、生產合作自動化等智慧化體系。推動地方特色創意融合研發計畫，連接地方創新中心及地方製造業者間之合作，提升地方特色新產品拓展市場之能力。以生產技術研究院、電子組件研究院、汽車組件研究院、產業技術大學、產業技術實驗室等產業技術相關機構為中心，共同組成產業技術創新研究聯合會，提供整合支援服務，建構一個可以解決地方企業各樣智慧化生產技術問題的支持平台。

(4) 戰略四：推動企業改造、建構創新基礎

作法一：推動企業自發性業務改造，運用產業銀行的企業投資推動專案（共 30 兆韓元，約 300 億美元），鼓勵企業擴大核心業務對外購併及投資。提供國內外可購併之企業資訊及購併程序協助，另在提供給中小企業及中堅企業的成長階梯基金中，設置購

併專用支援基金,降低企業財務負擔。調適相關企業購併法規,放寬購併限制,調降企業購併相關稅率,加快企業購併審查流程,極大化消除中小企業及中堅企業進行對外購併之障礙。

作法二:調適新興智慧融合產品規範體制,當新興智慧融合產品（如多功能智慧安全帽、LED 安全導引地面路磚等）完成開發準備上市時,因無既有安全標準,就需要較長審查流程與時程,以致喪失早期市場先機,後續將整合相關程序、縮短新產品安全性審查時間、調適相關法規,使新興智慧融合產品能在最短時間上市,爭取更多市場商機。引入國外實證場域或監管沙盒之做法,為無人車、無人機等新興智慧融合產品及服務設立實證場域,在特定的空間中,進行各種實驗與性能驗證,摸索並發展各種可行的商業模式,並據實證成果修正既有法規,避免既有法規限制了新興產業之快速發展。

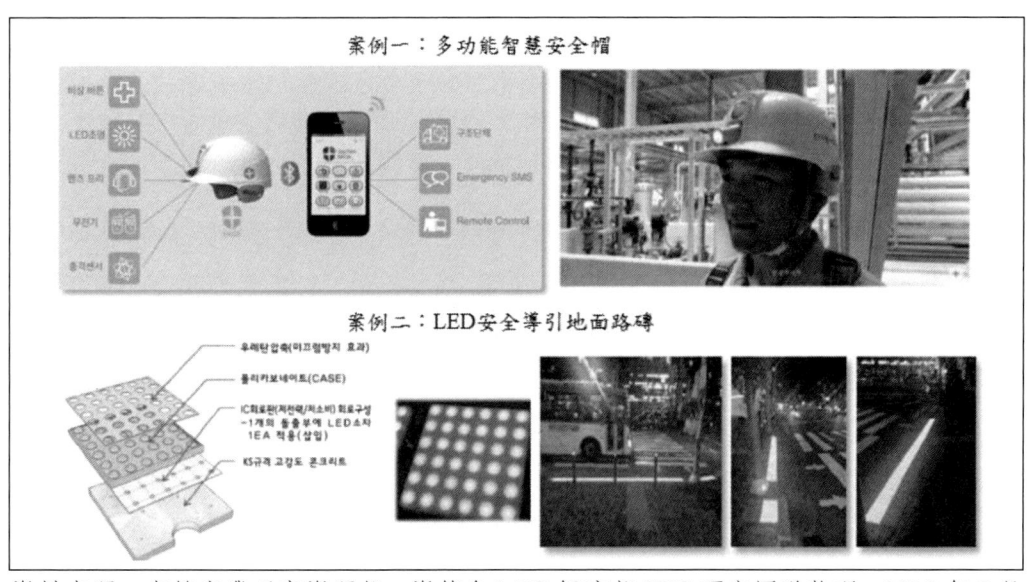

資料來源:南韓產業通商資源部,資策會 MIC 經濟部 ITIS 研究團隊整理,2019 年 7 月

圖 5-17　南韓新興智慧融合產品案例

作法三:以製造業創新作基礎培育可先發制人之專業人才,整合並調整各部會既有人才養成計畫（如產業專業人才力量強

化專案），集中培養八大智慧製造技術專業人才，供應充足需要專業人力，以利產業技術研發與應用。運用女性專用研發資金補助、回歸職場研究員研究活動補助等計畫，鼓勵企業積極雇用女性全職研發人員，並開設產業研發專業女性學院，培植女性研發專業人才，也導入時間選擇制，讓在職女性有更多彈性上班空間，使女性研發專業人才可以長期留在職場。採取放寬外國人永久居住權的審核條件、提供外國專業人才聘僱補助、在海外目標國家舉辦特定領域專業人才就業媒合博覽會等多元方式，加強延攬海外專業人才到韓工作及居留。

2. 智慧製造創新願景 2025

南韓政府鑒於第四次工業革命之智慧工廠重要性持續增加，且自 2014 年正式推動的智慧工廠相關政策及計畫已達初步成效，製造業中小企業導入智慧工廠之意願也明顯提升，南韓政府進一步於 2017 年 4 月提出「智慧製造創新願景 2025」計畫，並將自動化、MES、PLM、SCM、ERP、CPS 等系統供應商，歸納為智慧工廠基礎產業。

計畫目標，在「智慧製造創新願景 2025」中，南韓政府不僅將智慧工廠導入規模目標從 2020 年 1 萬家提升至 2025 年 3 萬家，2025 年進階 2 級以上智慧工廠之導入家數更要達到 1,500 家，整體智慧工廠市場規模要擴張至 2.5 兆韓元（約 25 億美元），提供更多訓練課程，培養至少 4 萬名的智慧工廠設計規劃、系統維運專業人才，在 2017～2020 年也將投入 2,145 億韓元（約 2.1 億美元），協助企業研發智慧工廠重點技術。

表 5-17　南韓智慧製造創新願景 2025

	說明
目標	➢ 目標一：2025 年智慧工廠累計家數要達到 3 萬家 ➢ 目標二：2025 年智慧工廠專業人才培育人數要達到 4 萬名
推動戰略	➢ 戰略一：智慧工廠普及與升級補助 ➢ 戰略二：強化基礎產業競爭力 ➢ 戰略三：確保智慧工廠專業人才

資料來源：南韓產業通商資源部，資策會 MIC 經濟部 ITIS 研究團隊整理，2019 年 7 月

(1) 戰略一：智慧工廠普及與升級補助

作法一：推動 2025 年 3 萬家企業升級為智慧工廠，規劃智慧工廠認證制度，在 2018 年底前完成正式上路；鼓勵未申請智慧工廠導入補助專案的中小企業，自發性將既有工廠升級為智慧工廠，在完成導入且經評鑑通過後，也可獲得智慧工廠認證。協助智慧工廠認證企業獲得大企業供應商資格，並提供政府研發補助優惠、貸款補助、出口補助、行銷宣傳等多項激勵措施。增加承做智慧工廠合作保證貸款之銀行家數，並將申請資格從僅限於智慧工廠導入補助專案通過核定之企業申請，擴大至獲得智慧工廠認證之企業均可申請。鼓勵各領域的大企業協助供應商全面導入智慧工廠，以增進整體產業價值鏈提升。

作法二：推動智慧工廠再升級，將智慧工廠導入程度達進階 2 級以上之製造業中小企業列為標竿工廠，提供研發費用及行銷支出等補助優惠，並選定不同領域之標竿工廠，藉由廠房開放參訪、智慧工廠導入經驗分享及傳授，提高尚未導入企業之導入意願及信心。從已導入的製造業中小企業中，選拔不同領域之工廠智慧化管理員工才做為種子人員，接受專業教育訓練課程，並將導入過程及營運諮詢問答項目標準化，使智慧工廠導入程度較低的製造業中小企業，可藉由各領域的種子人員協助，進一步升級到較高程度之智慧工廠。對於已經完成導入建構之企業，持續提供資金補助、融資貸款、研發補助、出口協助等獎勵措施，協助完成智慧工廠導入之製造業中小企業持續成長。

(2) 戰略二：強化基礎產業競爭力

作法一：確保智慧工廠基礎技術能量，編列 2,145 億韓元（約 2.1 億美元）之研發預算，集中研發智慧工廠軟體、控制器、機器人、感測器等關鍵零組件技術，確保南韓在智慧工廠關鍵零組件之技術能量。鼓勵大企業和製造業中小企業共同研發可藉由智慧工廠系統互通，強化上下游供應鏈資訊串聯之技術，提升整體供應鏈競爭力。

作法二：藉由智慧工廠之普及擴散，擴大基礎產業之市場規模，開發可在標準平台相容連動之國產解決方案，當進行智慧工廠導入諮詢時，積極提供國產解決方案讓企業參考，並於智慧工廠專業人員訓練課程中，提供國產系統及設備做為課程實習教具。鼓勵多家企業共同採購智慧工廠導入過程客製化需求度較低之軟硬體組件（如 ERP 模組、標準型感測器、控制器等）。開發多樣化解決方案，滿足導入製造業中小企業在雲端運算、綠色節能等新興領域之需要，並導引出新型態之市場需求。

作法三：建立產業聯盟，共同拓銷海外市場，選拔 30 家以上之系統解決方案、感測器、控制器、機器人等相關業者，共同成立 Smart Factory Alliance（SFA）聯盟，並將其中 10 家以上具有全球市場競爭力並有海外出口經驗的企業組成一個領先聯盟，另將擁有技術能量但市場拓銷能力較低之強小企業再組成一個強小聯盟。運用以大帶小之產業合作計畫，開發出適合在海外市場推廣的標準解決方案模型。推動「Smart Factory Flagship」計畫（簡稱 SFF 計畫），擬先以南韓廠商投資較多之越南市場做為首波海外拓銷市場，後續再陸續拓銷到中國及其他東南亞國家，並在當地建立智慧工廠解決方案售後服務中心。

(3) 戰略三：確保智慧工廠專業人才

作法一：培育智慧工廠創意融合型人才，針對智慧工廠現場需求，開設實體訓練課程，提升既有工廠人力對於智慧工廠系統的維運技能，並藉由職場轉換課程，為中小企業提供更多的智慧工廠維運人力，另針對不需現場實際操作機器的技能及知識，開設

相關線上課程，使智慧工廠維運人力可隨時提升自有技能。針對智慧工廠關鍵零組件，選定大學進行特定技術開發，並於研究所碩博士班開設智慧工廠規劃設計、機器人、感測器、控制器等課程，為智慧工廠基礎產業培育更多高階人才。

3. 智慧工廠擴散與升級戰略

甫於 2017 年 7 月正式上台執政的文在寅新政府，延續前政府所制定的「智慧製造創新願景 2025」政策，在智慧工廠政策主導推動單位從產業通商資源部移轉至中小風險企業部後，於 2018 年 3 月經第四次產業革命委員會核定，由中小風險企業部公布「智慧工廠擴散與升級戰略」計畫。

計畫目標，在「智慧工廠擴散與升級戰略」計畫中，明確訂定 2022 年智慧工廠累積導入家數要達到 2 萬家，意即每 3 家製造業中小企業，即有 1 家製造業中小企業獲得智慧工廠認證，在 2022 年也要創造 7 萬 5 千個智慧工廠相關工作機會。

表 5-18　南韓智慧工廠擴散與升級戰略

	說明
目標	➢ 目標一：2022 年每 3 家即有 1 家是智慧工廠 2022 年每 3 家即有 1 家是智慧工廠 ➢ 目標二：2022 年創造 7.5 萬個工作機會
推動戰略	➢ 戰略一：以民間及地方為中心擴散普及 ➢ 戰略二：智慧工廠再升級並往高端發展 ➢ 戰略三：勞工再教育並強化專業能力

資料來源：南韓中小風險企業部，資策會 MIC 經濟部 ITIS 研究團隊整理，2019 年 7 月

(1) 戰略一：以民間及地方為中心擴散普及

作法一：強化以地方為中心的普及體系，持續完備智慧工廠擴散及升級體系，在中央部會部分將維持第四次產業革命委員會智慧工廠工作小組及中小風險企業部、科技情報通信部、產業通商

資源部間之合作體系,重點目標是首都圈智慧工廠的普及、既有智慧工廠升級及人才養成。另在地方部分,則由地方政府、地方中小企業廳、地方相關機構組成地方智慧工廠擴散協議會,重點目標是完備符合地方特性的智慧工廠擴散方案,並推動外銷型製造業中小企業以及具有研發部門之製造業中小企業導入智慧工廠。篩選出10個中小企業密集度較高、有較多需導入智慧工廠的工廠之國家產業園區,指定為智慧工廠擴散普及據點,並於產業園區中建構50家不同領域、不同企業規模的示範智慧工廠。運用智慧城市都市再生計畫,以更新老舊衰退城區生活環境為由,補助老舊工廠升級為智慧工廠,並公開智慧城市所蒐集的大數據,提供新創者進行消費者需求分析,從中發現新興市場需求及商業模式,帶動更多的創新及創業。

作法二:轉由民間主導智慧工廠之擴散普及,截至2017年,主要由政府部門帶頭拉動整個智慧工廠的導入普及,政府與民間企業在投入智慧工廠普及之經費比重為七比三,後續將逐步調整由民間企業主導整個智慧工廠之擴散普及,政府則轉在民間企業的後方推動,擔任民間企業導入智慧工廠的後盾角色,提供民間企業必要之支援與協助,期能在2022年政府與民間企業在投入智慧工廠普及之經費比重改善為五比五。強化大企業在智慧工廠普及之角色,讓大企業分擔製造業中小企業供應商導入智慧工廠經費中之三成費用,而政府及製造業中小企業供應商分別負擔其中四成及三成費用。產業創新運動、政府計畫執行成效佳,並獲得大企業推薦之優秀製造業中小企業,將可獲得高等級智慧工廠導入補助,以及作業安全管理及降低公害汙染系統之建置補助。持續推動產業創新運動第二階段(計畫期程2018年至2023年),鼓勵大企業、中堅企業及政府機關輔導製造業中小企業進行產業創新及導入智慧工廠,創新成效較佳的製造業中小企業,將獲得大企業全程協助導入智慧工廠。建置智慧工廠交流平台,提供採購媒合、資訊提供、系統升級等服務,其中大企業提供營運資金、人才、領域知識等資源,政府則提供技術成果應用、智慧工廠建構等補助。開發智慧工廠功能診斷模型,鼓勵製造業中小企業自行檢視導入需求及升級空間。獲得智慧工

廠認證之製造業中小企業，提供研發補助、貸款利率政策優惠等鼓勵措施，激勵民間主動導入智慧工廠，推動工廠升級。

(2) 戰略二：智慧工廠再升級並往高端發展

作法一：依據工廠現狀進行客製化升級，從已導入智慧工廠的製造業中小企業，篩選創造就業機會較多、經營成長較佳的製造業中小企業，提供技術研發、貸款優惠、行銷補助等措施，鼓勵持續進行系統升級。若為高危險作業環境，將協助另申請取得機器人導入補助。對於資料儲藏空間及管理人力不足的製造業中小企業，將輔導並補助導入雲端型智慧工廠，協助中小企業運用從雲端系統蒐集之大數據資料，使其轉化為可提升中小企業附價價值之有效資料。

作法二：建構南韓特色高端智慧工廠模型，短期重點放在開發工廠智慧化所需要之關鍵技術並推動技術升級，中長期則要推動 K-Factory R&D Project 計畫，運用大數據、5G 通信、人工智能等新興技術，建構出具南韓特色之高端智慧工廠模型。建立公部門研究機構智慧工廠相關測試平台資訊資料庫，提供智慧工廠基礎產業所需要之客製化資訊，並擴大串接各領域的標竿智慧工廠，組建成一個大型智慧工廠關鍵技術之相容性實證環境。整合智慧工廠基礎產業業者組成 Smart Factory Alliance（簡稱 SFA 聯盟），以艦隊型態共同擴展海外市場，並共同開發海外市場所需之技術及標準系統，另也媒合大企業退休專業人力到智慧工廠基礎產業業者任職，直接傳授導入智慧工廠所需之相關知識。提供智慧工廠系統資訊安全弱點檢測及諮詢補助，對於進階 2 級以上之智慧工廠，鼓勵取得資訊安全管理制度 ISMS(Information Security Management System) 之第三方認證。開放適合頻率，讓製造業中小企業可建置一個低成本、高可信度的私人區域網路，以供智慧工廠的機器人系統、感測器等裝置傳遞指令及數據，另外也將縮短無線通訊設備的認證時間，以讓適合應用於智慧工廠的新型無線通訊設備能快速上市，提供企業更好的設備採購選擇。

(3) 戰略三：勞工再教育並強化專業能力

作法一：推動工廠勞工再培訓教育，培育智慧工廠維運人力，建置 2 個可實際生產產品的實驗智慧工廠，供受訓學員實際上機操作，開設 13 種體驗教育訓練課程，輔導既有員工接受轉型教育；建置虛擬智慧工廠系統，讓受訓學員可以利用 VR 及 AR 設備，體驗及操作智慧工廠之設備及系統，補助每間智慧工廠 2 至 3 名員工接受維運訓練及相關課程。建構智慧工廠專業人才資料庫，並運用全國 16 個企業人力媒合中心，為需求企業媒合適當人才；開設高端人才訓練、智慧工廠審查專家訓練、再培訓轉型訓練等課程。將各個領域的中小企業產製過程紀錄成 VR 及 AR 資料庫，確保內化技能完整傳遞。

作法二：從高中到研究所，一條龍培育智慧工廠維運及開發人才，在全國 100 間特色高中開設智慧工廠教育訓練課程，讓特色高中 1 年級及 2 年級學生到智慧工廠實習，並補助特色高中成績優異學生升學至科技大學之學費，科技大學畢業後需義務至製造業中小企業服務 2 年。在全國 4 間研究所開設智慧工廠關鍵技術開發及營運設計升級相關之碩博士教育課程；在實際生產的智慧工廠舉辦智慧工廠黑客松競賽活動；開設專門研究智慧製造關鍵技術之人工智能技術研究所。

（三）結論

1. 延續既有政策並提高推動層級

南韓政府鑒於美國、德國、日本、中國大陸等主要經濟國家陸續基於工業 4.0 產業趨勢，而推出相對應的製造產業政策之時，也於 2012 年起開始啟動相關措施，並於 2014 年正式提出「製造業創新 3.0 戰略」產業政策。

至今共歷經李明博政府、朴槿惠政府、文在寅政府等三任政府，政策推動主軸持續圍繞於「企業普及、技術開發、人才培育」等三大

構面，2020 年達到 1 萬家、2022 年達到 2 萬家、2025 年達到 3 萬家之推動目標。

由於工業 4.0 所帶動的影響層面不只是生產製造，也包含了社會制度、產業經濟、科學技術等多個層面，因此文在寅新政府上台後即以青瓦台高度成立「第四次產業革命委員會」跨部會平台，以協調各部會相關政策及資源，期能擴大正面效應並降低負面影響，其次讓擔任政策推動單位的中小風險企業部，積極強化製造業中小企業的競爭力，並創造更多的就業機會。

2. 滾動式決策擴大推動成果

觀察南韓智慧工廠產業政策細部作法，自 2014 年至今共歷經建構基礎發展環境、調整上游供應鏈、鼓勵民間自發性導入等三大階段。

首先在建構基礎發展環境部分，「製造業創新 3.0 戰略施行對策」偏重於如標準與標竿制訂、軟硬體組件開發、企業改造及購併、園區環境智慧化及實證場域設立等智慧工廠導入之基礎環境建構。

其次在調整上游供應鏈部分，「智慧製造創新願景 2025」計畫則是透過智慧工廠基礎產業之定義及整合，藉由鼓勵技術研發及擴大市場規模，進一步調整智慧工廠上游供應鏈的競爭力及營業規模，並推動海外市場的擴張，

最後是鼓勵民間自發性導入，「智慧工廠擴散與升級戰略」則運用先前推動成果，讓其他仍持觀察保守立場之製造業中小企業，親身認知智慧工廠之優點，以及見識導入之重要性與必要性，並藉由設備及系統導入之投資補助，誘發更多民間企業自發性地啟動智慧工廠導入專案，並從高中開始培育智慧工廠所需要的營運、導入、規劃設計等各階段人才，確保製造業中小企業導入智慧工廠後，有足夠專業人才支持系統之維運。

3. 南韓大型集團降低海外供應鏈採購比重

不論從南韓智慧工廠促進團所公布在全國的全年度推動成效，或是從三星電子公布之以大帶小推動成效，甚而是製造業中小企業自發性之導入成效，均明確顯示出智慧工廠導入後之正面效益。

由於三星、LG、現代等南韓大型集團採購對象多為集團內部子公司，南韓政府大規模推動製造業中小企業導入智慧工廠，表面上對南韓大型集團的正面效益看似有限；但若從供應鏈進行解析，南韓政府的政策受益對象實際卻是大型集團的二至四級供應商，甚至是五級供應商。

這些南韓大型集團供應商在導入智慧工廠，達到降低生產成本、提高供貨品質、提升管理效率之後，作為最終客戶的南韓大型集團之產品價格及品質不僅可更具競爭力，南韓大型集團本身所具有的市場需求預測能力，再搭配智慧工廠系統本身所擁有的快速反應特性，也會使得南韓大型集團在全球市場的鋪貨速度更快，供應鏈管理也會更具有彈性。

未來可預見南韓大型集團之採購要求，將提升至只有導入智慧工廠系統之供應商才能達到的標準，若其他國家供應商未能即時導入，南韓大型集團即可能將其海外採購訂單移轉至已導入智慧工廠之南韓製造業中小企業，而原有供應商則失去既有訂單。

4. 鼓勵出口型製造業中小企業優先導入智慧機械

雖然我國製造業中小企業（以下簡稱我國業者）以供應歐美品牌大廠為主，南韓大型集團減少海外訂單對我國業者直接影響有限，但南韓大型集團若受惠於供應鏈大規模導入智慧工廠而提升在全球市場之競爭力及市占率，恐將造成我國業者供應之歐美品牌大廠於全球市場之市占率下滑，我國業者可獲得之採購訂單也將因此縮減。

另外歐美品牌大廠也可能參照南韓大型集團採購標準要求我國業者，若我國業者無法達到採購標準，則會面臨流失訂單之潛在危機。

因此，政府應鼓勵位於歐美品牌大廠供應鏈關鍵地位之我國業者，優先導入智慧機械或智慧製造解決方案，藉此提升自身競爭力並鞏固自有供應優勢，以降低未來海外訂單縮減或移轉風險，甚而可從其他國家之供應商爭取更多採購訂單。

第六章 未來展望

一、全球資訊工業展望

（一）全球資訊工業未來展望總論

根據 IMF 研究調查，2019 年全球經濟成長率僅為 3.3%，較 1 月時的預測再度調降 0.2 個百分點，且是近半年來第 3 度調降經濟預測，顯見全球經濟未來仍然保守，而中美貿易戰導致各國局勢緊張，短期內仍未見曙光。細部觀察各關鍵資訊工業市場表現，2019 年美國經濟成長率 2.3%、歐元區為 1.3%、德國為 0.8%、日本為 1.0%、英國為 1.2%、中國大陸為 6.3%、印度為 7.3%。

值得注意的是，上述重要市場表現相較上期預測均為下修，例如美國與印度下修 0.2%、歐元區與英國下修 0.3%、德國下修 0.5%、日本下修 0.1%。唯獨中國大陸微上修 0.1%，原因是在中美貿易戰取得理想的進展，然而一旦全球貿易局勢陷入困境，將再度衝擊整體資訊工業產業的表現。

（二）全球資訊工業個別產業未來展望

1. 全球桌上型電腦市場未來展望

展望未來，估計 2019 年全球桌上型電腦出貨量約 9,405 萬台，年成長率約 -3.0%。Microsoft 規劃 2020 年終止 Windows 7 Service Pack 1 支援，預期 2019 年仍有 Win10 商用換機需求，但 Intel 桌機處理器上半年仍有缺貨狀況，即使 Intel 與 AMD 自 2018 年第四季至 2019 年第一季陸續推出 Intel Coffee Lake 9th 處理器、AMD Ryzen Threadripper 2nd 處理器之新品，因其目標市場為高階用戶，對整體出貨量無明顯影響，須待下半年 Intel 桌機處理器供應回穩，始對全球桌機業者幫助較大。

美中貿易戰牽動全球經濟局勢，美中雙方已進行多次談判，雙方不易達成共識。主因美中貿易戰牽涉貿易逆差、智慧財產權保護等複雜問題，長期來看，企業仍應重新思考全球布局，提升應變能力。2019年其他重大事件有英國3月底脫歐、日本欲將國內消費稅提升至10%等，預期將影響企業及一般消費者購買PC產品的意願，2019年全球消費力偏向保守。

2. 全球筆記型電腦市場未來展望

展望2019年全球筆記型電腦市場表現，主要影響因素有三：第一、美中貿易摩擦走向尚難判斷，仍有不確定性影響；第二、2019年下半年可望推出筆記型電腦用之新款 Intel 10nm CPU 和 AMD 7nm CPU 恐怕缺乏足夠出貨量刺激市場成長；第三、NVIDIA 新款高階 RTX 系列及中低階 GTX 系列 GPU 仍待努力讓玩家接受，AMD 亦須推廣其筆記型電腦用 GPU。

在上述不確定因素影響之下，使得2019年恐怕僅能仰賴原有商用市場之換機規模，而難以刺激消費性市場。因此，預期2019年全球筆記型電腦市場僅能維持原有出貨量，而難以有較大幅度的成長空間，甚至可能微幅滑落至1.59億台規模。

俟2020年，AMD 和 Intel 等新款 CPU 產品若能接受市場驗證並有較大出貨規模，再加上 AMD 和 NVIDIA 等新款 GPU 產品亦能推陳出新得以刺激消費性市場，預期將會同時助益到商用市場和消費性市場之換機需求，並可望視遊戲玩家的接受狀況帶動提早換機週期，或能助益2020年全球筆記型電腦市場出貨量成長，超越2018年1.6億台之規模。

3. 全球伺服器市場未來展望

從硬體角度觀察，由於資料產生速率越來越快，記憶體效率與資料吞吐量已經不能滿足產業的需求，當既有的高速序列電腦匯流排技術（Peripheral Component Interconnect Express，PCIe）也逐漸進入瓶頸後，Intel 正式宣布下一代聯網技術：CXL（Compute Express Link），並組織了 CXL 聯盟，成員包含了國際大廠例如阿里巴巴、華

為、浪潮、聯想、Cisco、Dell EMC、Facebook、Google、HPE、Microsoft 等。因為 CXL 架構可與 PCIe 設計共存，Intel 計劃在第六代 PCIe 標準上力推各廠採用 CXL。

值得注意的是，雲端服務大廠 Google 與 Microsoft 也在其中，而當今伺服器產業出貨大多由資料中心所驅動，甚至帶起了臺灣代工廠直接出貨（ODM Direct）的產業鏈。因此，可以預期的是勢必將有越來越多臺廠因而加入 CXL 聯盟，共同開發次世代伺服器硬體技術，進而維持未來 Intel 的龍頭產業地位。

另外，由於 Intel 仍壟斷了伺服器的中央處理器市場，因此預計推出的 10 奈米製程 Whitley 平台將可帶來新一波換機潮，而競爭對手 AMD 的 7 奈米製程 Rome 平台也將帶來新的挑戰，彼此影響下對於長期的伺服器出貨量將有顯著的助益。

4. 全球主機板市場未來展望

展望 2019 年，全球主機板出貨量約 10,060 萬片，預估再小幅衰退 1.6%。2019 年上半年持續受到 Intel 14nm 桌機用中低階處理器缺貨影響，顯示卡庫存水位過高亦不利業者出貨。目前 PC DIY 使用者數量漸漸減少，虛擬貨幣挖礦風潮也快速退燒，電競領域對主機板業者而言愈顯重要。NVIDIA 在 2018 年推出接替 Pascal 的 Turing 架構，同年 9 月陸續有 RTX 2080Ti、RTX 2080、RTX 2070 高階顯示卡上市，接替上一代中階主流顯示卡之 RTX 2060、GTX 1160 Ti 則在 2019 年 1 月陸續上市。主機板業者除了要清理上一代 GTX 10 系列顯示卡庫存，挖礦熱潮過後的二手顯示卡釋出也是不利因素。此外，主打即時光線追蹤技術（Real-Time Ray Tracing）的 RTX 20 系列定價普遍較上一代同等級顯示卡多出約 100 美元，可能造成使用者卻步，弱化架構更新帶來的效益。2019 年下半年，Intel 處理器供貨缺口可望補滿。另一方面，AMD 在 Intel 處理器缺貨事件中成功搶下部分 DIY 用戶，AMD 在 CES 2019 演說中，預計 2019 年中開始陸續推出 7nm 第三代 Ryzen 處理器，以及 7nm Navi 架構 GPU，增添不少市場話題，再加上 Win10 商用換機需求，主機板下半年形勢較為樂觀。

二、臺灣資訊工業展望

(一) 臺灣資訊工業未來展望總論

臺灣資訊硬體產品仍以筆記型電腦、桌上型電腦、伺服器、主機板為主。從市占率排名依序觀察，臺灣主機板之全球市占率80.6%、臺灣筆記型電腦之全球市占率78.7%、臺灣桌上型電腦之全球市占率51.5%、臺灣伺服器之全球市占率35.4%。顯現臺灣資訊工業仍為全球供應鏈中關鍵的一環。

其中，由於美中貿易戰大幅提高了中國大陸生產製造的不安定因素，因此臺灣資訊硬體產業生產地之中國大陸比重由 2017 年的91.7%，下滑至2018 年的90.4%。估計 2019 年比重將持續下滑以避開過度集中的風險，尤其是面對資安敏感的伺服器產業，在 2018 年的美超微間諜晶片案後，未來中國大陸生產製造伺服器將面臨更多檢驗，而生產製造外移將能減低客戶疑慮。

(二) 臺灣資訊工業個別產業未來展望

1. 臺灣桌上型電腦產業未來展望

展望 2019 年，估計臺灣桌上型電腦出貨量約 4,815 萬台，年成長率-2.9%。桌機市場由大型 PC 品牌商掌握，臺灣代工業者因與其建立長期合作關係，故年成長率稍優於全平均值。2019 年雖有商用換機需求，但至關重要的 Intel 處理器缺貨問題直到 19Q2 仍未解決。Intel 2019 年著重於筆電與伺服器之 CPU 布局，規劃多年的 10nm Ice Lake CPU 將先用於筆電，預計 2019 年底問世。但桌機部分除了新增無內顯系列 CPU、節能系列 CPU，以及高階 Core i9 CPU 之新型號，並無重大新品消息。因此，對於即將到來的出貨旺季，Intel CPU 是否能足量供貨將會是影響桌機 2019 年出貨的關鍵。

美中貿易戰已促使臺灣業者檢視生產基地布局，臺灣主要代工業者有鴻海、緯創、和碩、廣達等，桌機製造工廠為絕大多數位於中國大陸，部分業者在墨西哥及東歐地區設有組裝工廠。由於桌機製造

需仰賴周邊供應鏈提供原料，且成品體積較大需考量運輸便利性，其他國家難以取代中國大陸的產業聚落以及完整運輸路線。臺灣業者目前採取中國大陸製造、第三地點組裝之方式，或是直接向消費者漲價處理來自美國的訂單，長期規劃仍在與 PC 品牌廠共商方案。

2. 臺灣筆記型電腦產業未來展望

由於全球筆記型電腦市場在 2019 年缺乏較大刺激效應，預期臺灣產業自 2018 年 Compal 與 Lenovo 合資破局之後將趨於穩定，轉以美系業者商用機種和各方客戶對於中低階遊戲機種作為主要需求帶動，有望優於全球平均表現而成長至 1.27 億台。

其中，NVIDIA 雖在 2019 年 1 月上旬於美國 CES 公布針對筆記型電腦用之 Mobile GPU 並推出中階 RTX 2060 GPU，隨後在 3 月之後即有更低階之 1660 Ti 等新品 GPU 面市。然而目前最大問題仍在於如何吸引現有遊戲玩家願意換購新款 RTX GPU 產品，尤其目前市場使用者仍有雜音且可支援遊戲種類偏少，仍需要 NVIDIA 提供更多努力以刺激市場需求。

再者，AMD 亦在 2019 年 1 月公布 12nm Mobile CPU 和可供 Chromebook 用之低階 Mobile CPU，並宣布將在 2019 年陸續推出 7nm Ryzen CPU 和 Radeon GPU，或可望協助其打開筆記型電腦市場占有率，甚至挑戰現有 Intel、NVIDIA 在 CPU、GPU 之市占率。Intel 在 CES 2019 亦宣布新款 10nm Ice Lake CPU 訊息，將延至 2019 年下半年之銷售旺季才會初次量產。

進一步來看，AMD 和 Intel 在 2019 年發展良窳關鍵在於新製程良率高低與量產時間點、出貨規模，尤其美中貿易摩擦恐仍將壓抑全球個人電腦市場需求，故在出貨規模無法擴大的情況下，只能面臨較激烈的此消彼長競爭之中。

在此情況之下，臺灣筆記型電腦產業除了仰賴主要客戶之商用機種訂單以外，透過自有品牌和代工產品積極拓展中低階遊戲用筆記型電腦亦是維持 2019 年出貨規模關鍵所在，甚至是 2020 年能否恢復小幅成長之關鍵影響因素。

3. 臺灣伺服器產業未來展望

臺灣伺服器代工產業的未來重大事件將從中美貿易戰的結局而定。起初，美中兩國糾紛起源於貿易摩擦，因此關稅成為重點。然而，事態已逐漸從美中貿易戰演變成美中科技戰。例如，美國裁定中國大陸伺服器品牌商華為違反伊朗貿易的相關制裁協議，將考慮禁止出口關鍵晶片給華為，導致未來華為可能面臨無法出貨的困境，如同中興通訊事件。除了美國之外，澳洲、紐西蘭、英國、日本、德國、臺灣、挪威等國家也相繼明令禁止5G通訊與伺服器相關設備合作，而圍堵華為的局勢極有可能持續擴大。

對於臺灣代工廠而言，華為伺服器產品以自製居多，因此衝擊有限。然而，另一家中國大陸品牌商浪潮與臺灣代工廠之合作範疇已逐漸擴大，未來各國或將盛行更積極的保護主義措施，例如中國大陸政府可能開始審視美系伺服器品牌之業務布局。因此，未來全球伺服器品牌之市占率與出貨量可能出現洗牌，如何靈活即時因應不同客戶之訂單變化成為未來的重要課題之一。

展望未來，由於資料中心仍為伺服器主要出貨市場，因此2019年臺灣伺服器品牌代工（Brand）與直接出貨（ODM Direct）比重將進一步縮小，預估將從2018年的七比三比例趨近於2019年的七成五比二成五比例，同時也帶起了臺灣伺服器自有品牌經營的契機。然而，資料中心的成長幅度可能將比過往來的緩慢，且資料中心市場主要客戶稀少，對於臺灣伺服器產業的影響將是彼此直接競爭加劇，甚至可能出現價格戰，導致彼此獲利幅度放緩。

估計臺灣2019年伺服器系統及準系統出貨表現將較2018年成長3.0%，出貨約達430.8萬台。主機板出貨表現將較2018年成長3.8%，出貨約達520.5萬片。

4. 臺灣主機板產業未來展望

展望2019年，臺灣主機板出貨量約8,146萬片，年成長率-1.2%。2019上半年臺灣業者仍受Intel CPU缺貨、顯示卡庫存水位過高等因素影響，出貨表現不佳。雖有NVIDIA推出數款配備即時光線追蹤

技術（Real-Time Ray Tracing）的 Turing 架構新顯示卡，但其定價偏高，對預算有限者吸引力不高。中階主流顯示卡 RTX 2060、GTX 1160 Ti 等已陸續發售，其成效有待評估。下半年若 Intel CPU 缺貨狀況解除，加上 AMD 如期發表 7nm 第三代 Ryzen 處理器，以及 7nm Navi 架構 GPU，將會對主機板出貨有較明顯幫助。

主機板產業發展成熟，消費者對主機板的需求量已逐漸減少，主機板的主要供應來源已集中於大廠，留存的二線三線業者很少。臺灣一線主機板廠包含鴻海、緯創等 PC 代工業者，訂單來源為 HP、Dell、聯想等品牌大廠，主機板出貨量隨桌上型電腦需求波動；主機板自有品牌廠則包含華碩、技嘉、微星等，著重電競及 PC DIY 用戶，近年持續提高高階主機板的比重以提高毛利，另外積極爭取物聯網、伺服器等具成長潛力的市場。

美中貿易戰部分，臺灣業者生產基地主要位於中國大陸，占比達九成以上，因此 10%懲罰性關稅對絕大多數業者造成影響。部分 PC 代工業者在中國大陸以外設有組裝廠，再配合 PC 品牌廠之應對策略，衝擊較主機板品牌廠小；主機板品牌廠為因應 10%關稅，多半採取直接漲價的方式，未來不排除對東南亞等地展開布局。

附錄

一、範疇定義

(一) 研究範疇

研究項目	研究範疇
資訊工業	資訊工業產業範疇,主要以資訊硬體產品及其產業為代表,涵蓋四大產品包刮桌上型電腦、筆記型電腦(含迷你筆記型電腦)、伺服器、主機板等
業務型態	臺灣資訊工業產銷調查各產業業務型態包括下列幾種: ● ODM:製造商與客戶合作制定產品規格或依據客戶的規範自行進行產品設計,並於通過客戶認證與接單後進行生產或組裝活動 ● OEM:製造商依據客戶提供的產品規格與製造規範進行生產或組裝活動,不涉及客戶在產品概念、產品設計、品牌經營、銷售及後勤等價值鏈活動 ● OBM:製造商根據自己提出的產品概念進行設計、製造、品牌經營、銷售與後勤等活動
區域市場	本研究調查區域市場範圍如下: ● 北美(North America):美國、加拿大 ● 西歐(West Europe):奧地利、比利時、瑞士、法國、德國、希臘、義大利、葡萄牙、西班牙、英國、愛爾蘭、荷蘭、丹麥、瑞典、挪威、芬蘭 ● 亞洲(Asia & Pacific):日本、中國大陸、不丹、印度、錫金、越南、北韓、泰國、菲律賓、新加坡、尼泊爾、孟加拉、馬來西亞、斯里蘭卡、印度尼西亞 ● 其他地區:中南美洲、除西歐之外歐洲其他國家、大洋洲、非洲、中東

（二）產品定義

研究項目	產品定義
桌上型電腦 （Desktop PC）	桌上型電腦係指個人電腦類型之一，研究範圍包括Tower or Desktop、Slim type和AIO PC三類。桌上型電腦的產品出貨型態可區分為全系統和準系統，全系統係指裝置CPU，加上HDD、CD-ROM、DRAM等關鍵零組件，並且安裝作業系統，整機測試等。準系統係指半系統加上主機板或裝置輸入、輸出等元件。另全系統的產值統計僅計算電腦系統本體，不計入液晶監視器與相關周邊如鍵盤、滑鼠等部分。但一體成形式桌上型電腦由於採All-in-One設計，因此將面板價值亦納入統計
筆記型電腦 （Notebook PC）	筆記型電腦為個人電腦之一種形式，相對於桌上型電腦，其係指具可移動特性，且在機構設計上多呈書本開闔型態之個人電腦，研究範圍為螢幕尺寸為7吋以上（包含10.4吋）之筆記型電腦。產品出貨型態可區分為全系統和準系統，全系統係指可直接開機使用之產品。準系統係指完成度高於主機板，但仍缺CPU、HDD或LCD Display等任一關鍵零組件以上之產品
伺服器 （Server）	伺服器係指於製造、行銷及銷售時就已限定作為網路伺服用途之電腦系統，並可在標準的網路作業系統（如Unix、Windows及Linux等）之下運作。伺服器的產品出貨型態可區分為全系統和準系統，全系統係指已安裝主機板、CPU、記憶體、硬碟，可直接開機之伺服器產品。準系統係指不包含CPU、記憶體、硬碟，但已安裝主機板，並可安裝光碟機之伺服器產品
主機板 （Mother Board）	主機板係指應用於桌上型電腦，且其出貨時多半不含CPU或是DRAM之出貨形式，然亦出現少量將CPU或DRAM直接焊接於印刷電路板上之產品，其運作方式與一般主機板相同，因此這類主機板亦列入研究範疇

二、資訊工業重要大事紀

時間	重大事件
2018 年 1 月	<ul><li>Google 以 330 億併購 HTC 手機代工部門</li><li>研華、資策會共創「雲研物聯」，攻工業 IoT 雲平台</li><li>樺漢跨足醫療 2.79 億元入股鈺緯</li><li>宏碁結合宗教與智慧穿戴推出智慧佛珠</li></ul>
2018 年 2 月	<ul><li>Amazon 為強化智慧家庭布局，買下智慧門鈴業者 Ring</li></ul>
2018 年 3 月	<ul><li>Facebook 爆出五萬個用戶資料遭外洩，並提供給劍橋分析公司濫用</li><li>微軟推出 Microsoft 365 智慧型解決方案，讓 AI 應用與企業零距離</li></ul>
2018 年 4 月	<ul><li>Amazon 推出「送貨到後車廂」寄件服務</li><li>樺漢併購帆宣，搶攻智慧工廠</li></ul>
2018 年 5 月	<ul><li>Google Assistant 新增加 Duplex 功能，可以用自然流暢的語音和電話另一頭的人類完成交流</li></ul>
2018 年 6 月	<ul><li>緯創攜手恩主公醫院、馬雅資訊，攻數位醫療應用</li><li>資策會推 III Workforce 智慧眼鏡應用，用混合實境提升巡檢維修效率</li></ul>
2018 年 7 月	<ul><li>歐盟認定 Google 以 Android\強制搭售自家服務，重罰 43.4 億歐元</li></ul>
2018 年 8 月	<ul><li>Google 在中國大陸推「審查版」搜尋引擎</li><li>宏碁新設子公司「酷碁」攻創新周邊業務</li></ul>
2018 年 9 月	<ul><li>Microsoft、SAP 和 Adobe 宣布開放數據計劃</li></ul>
2018 年 10 月	<ul><li>Google+洩漏用戶個人資訊的問題，Google 宣布 2019 年 4 月 2 日結束個人服務</li><li>研華以 5 億元認購 OMRON Nohgata 公司 80%股權</li><li>英特爾推出 Intel Core X 及 28 核心 Intel Xeon W-3175X 處理器</li></ul>
2018 年 11 月	<ul><li>Amazon 發表 AWS Ground Station，全球首款地面衛星接收站</li></ul>
2018 年 12 月	<ul><li>憂國家安全 全球多國拒絕華為 5G</li><li>Microsoft 將以 Chromium 內核瀏覽器取代 Edge</li></ul>

三、中英文專有名詞縮語／略語對照表

英文縮寫	英文全名	中文名稱
AIO PC	All-in-One PC	一體成型電腦
AMD	Advanced Micro Devices	超微半導體
ASP	Average Selling Price	平均銷售單價
CPU	Central Processing Unit	中央處理器
DSLR	Digital Single Lens Reflex Camera	數位單眼相機
EIU	Economist Intelligence Unit	英國經濟學人智庫
EMS	Electronic Manufacturing Service	電子製造服務
GDP	Gross Domestic Product	國內生產毛額
GNP	Gross National Product	國民生產毛額
GPS	Global Positioning System	全球衛星定位系統
IMF	International Monetary Fund	國際貨幣基金組織
IT	Information Technology	資訊科技
ITIS	Industry & Technology Intelligence Service	產業技術知識服務計畫
LCD	Liquid Crystal Display	液晶顯示器
M1B	Monetary Aggregate M1B	貨幣總計數 M1B
M2	Monetary Aggregate M2	貨幣總計數 M2
MILC	Mirrorless Interchangeable Lens Camera	無反光鏡可換鏡頭相機
NFC	Near Field Communication	近距離無線通訊
OBM	Original Brand Manufacturing	自有品牌
ODM	Original Design Manufacturing	原廠設計製造商
OEM	Original Equipment Manufacturing	原廠設備製造商
PC	Personal Computer	個人電腦
DRAM	Dynamic Random Access Memory	動態隨機存取存儲器
TDP	Thermal Design Power	散熱設計功率
LTE	Long Term Evolution	長期演進技術
CMOS	Complementary Metal-Oxide-Semiconductor	互補式金屬氧化物半導體
WB	World Bank	世界銀行
AMOLED	Active-Matrix Organic Light-Emitting Diode	主動矩陣有機發光二極體
IGZO	Indium Gallium Zinc Oxide	氧化銦鎵鋅
LTPS	Low Temperature Poly-Silicon	低溫多晶矽液晶顯示器

四、參考資料

（一）參考文獻

1. 2018 資訊硬體產業年鑑，經濟部技術處，2018 年

（二）其他相關網址

1. 行政院主計總處，https://www.dgbas.gov.tw/
2. 經濟部統計處，https://www.moea.gov.tw/
3. 財政部統計處，https://www.mof.gov.tw/
4. 經濟部投資審議委員會，https://www.moeaic.gov.tw/
5. 中央銀行，https://www.cbc.gov.tw/
6. Microsoft，https://www.microsoft.com/
7. Google，https://www.google.com/
8. NVIDIA，https://www.nvidia.com/
9. Intel，https://www.intel.com.tw/
10. Dell，https://www.dell.com.tw/
11. 聯想，https://www.lenovo.com/
12. 華為，https://consumer.huawei.com/
13. 研華，http://www.advantech.tw/
14. 凌華，https://www.adlinktech.com/

國家圖書館出版品預行編目資料

2019 資訊硬體產業年鑑 /許桂芬等作. -- 初版. -- 臺北市 : 資策會產研所, 民 108.09　　面 ；　　公分. -- (經濟部技術處產業技術知識服務計畫)
ISBN 978-957-581-776-3 (平裝)

1.電腦資訊業　2.年鑑

484.67058　　　　　　　　　　　　　　　　　108014553

書　　名：2019 資訊硬體產業年鑑
發 行 人：經濟部技術處
　　　　　台北市福州街 15 號
　　　　　http://www.moea.gov.tw
　　　　　02-23212200
出版單位：財團法人資訊工業策進會產業情報研究所（MIC）
地　　址：台北市敦化南路二段 216 號 19 樓
網　　址：http://mic.iii.org.tw
電　　話：(02)2735-6070
編　　者：2019 資訊硬體產業年鑑編纂小組
作　　者：許桂芬、龔存宇、潘建光、徐文華、陳景松、魏傳虔、張俐婷、張佳蕙、林巧珍
其他類型版本說明：本書同時登載於 ITIS 智網網站，網址為 http://www.itis.org.tw
出版日期：中華民國 108 年 9 月
版　　次：初版
劃撥帳號：0167711-2『財團法人資訊工業策進會』
售　　價：新台幣 6,000 元整
展售處：ITIS 出版品銷售中心/台北市八德路三段 2 號 5 樓/02-25762008／http://books.tca.org.tw
ISBN：978-957-581-776-3
著作權利管理資訊：財團法人資訊工業策進會產業情報研究所（MIC）保有所有權利。欲利用本書全部或部分內容者，須徵求出版單位同意或書面授權。
聯絡資訊： ITIS 智網會員服務專線 (02)2732-6517

著作權所有，請勿翻印，轉載或引用需經本單位同意

ICT Hardware Industry Yearbook 2019

Compiled by：Kuei-Fen Hsu, Tsun-Yu Kung, Chien-Kuang Pan, Wen-Hua Hsu, Ching-Sung Chen, Chung-Chien Wei, Li-Ting Chang, Chia-Hui Chang, Chiao-Chen Lin

Published in September 2019 by the Market Intelligence & Consulting Institute.（MIC）, Institute for Information Industry

Address : 19F., No.216, Sec. 2, Dunhua S. Rd., Taipei City 106, Taiwan, R.O.C.

Web Site : http://mic.iii.org.tw

Tel：（02）2735-6070

Publication authorized by the Department of Industrial Technology, Ministry of Economic Affairs

First edition

Account No.: 0167711-2（Institute for Information Industry）

Price : NT$6,000

Retail Center : Taipei Computer Association

　　　　　　　Web Site : http://books.tca.org.tw

　　　　　　　Address : 5F., No. 2, Sec. 3, Bade Rd., Taipei City 105, Taiwan, R.O.C.

　　　　　　　Tel：（02）2576-2008

All rights reserved. Reproduction of this publication without prior written permission is forbidden.

ISBN : 978-957-581-776-3